变电设备交接验收技术监督手册

国网安徽省电力有限公司电力科学研究院　组编

胡啸宇　张晨晨　主编

合肥工业大学出版社

图书在版编目(CIP)数据

变电设备交接验收技术监督手册/胡啸宇，张晨晨主编．—合肥：合肥工业大学出版社，2022.11

ISBN 978-7-5650-6169-1

Ⅰ.①变…　Ⅱ.①胡…　②张…　Ⅲ.①变电所—电气设备—技术监督—手册　Ⅳ.①TM63-62

中国版本图书馆 CIP 数据核字(2022)第 231242 号

变电设备交接验收技术监督手册

胡啸宇　张晨晨　主　编　　　　责任编辑　郑　洁

出　版	合肥工业大学出版社	版　次	2022 年 11 月第 1 版
地　址	合肥市屯溪路 193 号	印　次	2022 年 11 月第 1 次印刷
邮　编	230009	开　本	787 毫米×1092 毫米　1/16
电　话	基础与职业教育出版中心：0551-62903120	印　张	7.5
	营销与储运管理中心：0551-62903198	字　数	178 千字
网　址	www.hfutpress.com.cn	印　刷	安徽联众印刷有限公司
E-mail	hfutpress@163.com	发　行	全国新华书店

ISBN 978-7-5650-6169-1　　　　定价：70.80 元

编 委 会

前　言

随着交流电力系统容量的扩大、变电站建设的日益增多，规范新(改、扩)建变电工程交接验收过程，明确省级电力公司、地市级电力公司和超高压公司变电工程交接验收管理的职责、内容、流程、检查与考核等内容的重要性日益凸显。为进一步强化变电工程交接验收工作，扎实推进变电工程的交接验收，规范验收流程，确保技术监督工作准确、有效开展，国网安徽省电力有限公司电力科学研究院组织人员编写本书，旨在为各电力公司新(改、扩)建变电工程交接验收提供有力支撑。

本书共分3章，分别为：电力技术监督概述；变压器、组合电器等交接验收标准、验收流程和方法；变电工程交接验收典型案例与分析。本书语言通俗易懂、逻辑结构清晰，材料介绍翔实。通过对本书的学习，各级技术监督人员能够在监督工作中进一步高效、准确地应用相关规定条款，从而使变电工程交接验收工作更加标准化、规范化、精益化。

本书在编写过程中，得到了国网安徽省电力有限公司以及相关单位的大力支持。

鉴于编者水平有限，编写时间仓促，书中难免有不妥之处，恳请广大读者批评指正。

编　者

2022年11月

目　录

第 1 章　电力技术监督概述

电力企业的技术监督开始于 20 世纪 50 年代初，源于苏联，最初是对水、汽、油品质的化学监督及计量。20 世纪 50 年代后期，随着高温、高压机组的发展又增加了对金属的化学监督。1963 年水利电力部明确把电力设备技术监督作为电力生产技术管理的一项具体管理内容。主要是针对电力生产技术管理混乱，对设备检查、监督不力，为加强生产检修管理工作而提出的，而这正是各级电力管理部门和基层生产单位一直以来重视的问题。

随着电力事业的不断发展和电力技术水平的日益提高，对电力设备技术监督的范围越来越大、内容越来越多、要求越来越高。根据电网技术水平和运行状况的实际，结合新技术、新设备的使用，为不断适应电网的发展，适应现代化安全生产管理的要求，需实现安全生产要求与技术监督内容动态管理的有机结合。2003 年 4 月 21 日，国家电网公司下发的《关于加强电力生产技术监督工作的意见》中明确提出技术监督“要根据技术发展和电网运行特性不断扩充、延伸和界定”，为今后技术监督的发展奠定了基础。

电力技术监督是促进供电设备安全，保证经济运行的前提。通过技术监督管理，把各种电力操作行为，都置于规则制度尤其是设备的交接验收试验规程和标准的严格要求之下。通过技术监督管理，将“安全第一”的理念渗透到每一项基础工作中。严格执行技术标准和规程要求，才能保证设备的良好运行，才能在实践中保证设备运行符合各项指标，才能有效减轻设备磨损，实现最充分利用，从而节约成本。

电力技术监督水平标志着电力工业的科技发展水平，也是企业现代化管理的基础。技术监督管理水平的提高，会促进电力科研的创新和进步，而在科研方面的创新和进步又会反过来促进技术水平的进步。这样形成一种良性循环，能有效促进电力工业的科技发展。同时，加强技术监督管理，形成一套良性行业标准之后，又能促进科学管理。在现代条件下，高效的社会化表现为分工的细化，分工的细化需要技术上的高度统一和协调，而标准正是这种统一所不可或缺的重要手段。供电公司作为电力运维的重要产业，其产品质量和安全系数都是备受关注的问题。在国家不断加强管理，社会不断加强监督的趋势下，供电公司已开始注重技术监督管理的发展。在不断重视技术监督管理发展的背景下，技术监督管理水平得到很大的发展。在社会经济不断发展的条件下，电力行业与其他行业之间的联系愈加密切。在技术监督不断发展的趋势下，电力行业与其他行业之间技术监督的联系也更加密切。

目前国家电网公司所定义的技术监督是指在规划可研、工程设计、设备采购、设备制造、设备验收、设备安装、设备调试、竣工验收、运维检修、退役报废等全过程中，采用有效的检测、试验、抽查和核查资料等手段，监督公司有关技术标准和预防设备事故措施在各阶段的执行落实情况，分析评价电力设备健康状况、运行风险和安全水平，并反馈到发展、基建、运检、营销、科技、信通、物资、调度等部门，以确保电力设备安全可靠地运行。

技术监督工作以提升设备全过程精益化管理水平为中心，在专业技术监督基础上，以设备为对象，依据技术标准和预防事故措施并充分考虑实际情况，采用检测、试验、抽查和核查资料等手段，全过程、全方位、全覆盖地开展监督工作。

输变电工程的交接验收是工程投运前技术监督的最后一道检验设备入网质量的手段，对其实施良好有效地监督将为后续运维工作奠定坚实基础。交接验收是指新（改、扩）建输变电工程在具备有关条件后，由技术监督办公室组织相关单位和部门依据有关技术标准、规程规范对输变电设备的性能指标、安装调试、生产准备、备品备件、资料移交等进行的检查与确认。交接验收应依据工程初设批复文件、图纸，国家及行业主管部门颁布的有关电力工程的现行法规、标准、规程，设备、材料生产厂家的技术要求，以及在建设过程中经过批准的有关变更的内容等。工程建设主管单位应组织施工、监理、设计单位及厂家技术人员全力配合验收工作，按要求提供施工图纸、技术资料、试验报告等。

输变电工程交接验收采取统一标准、分级负责的管理方式。省级电力公司组织开展 500 千伏新（改、扩）建输变电工程的交接验收；超高压公司负责 500 千伏变电站内 220 千伏及以下扩建变电工程的交接验收；地市供电公司负责 220 千伏及以下新（改、扩）建输变电工程的交接验收。主要验收流程（图 1－1）如下：

1）验收预备会。技术监督办公室组织召开验收预备会，明确验收组织机构、各验收专业组负责人、成员及其工作职责，确定预验收时间。500 千伏新（改、扩）建输变电工程应在计划送电日期 25 日前启动现场预验收工作；220 千伏新（改、扩）建输变电工程应在计划送电日期 20 日前启动现场预验收工作。

2）现场预验收。确认施工单位可以按计划完成设备安装和三级自检；各类生产准备、专用工器具、备品备件能满足投运需要；具有完整的图纸、技术资料等；同期配套工程施工可以按计划完成且同步投运条件等要素已实际满足的前提下，由运维检修单位开展现场预验收，建设管理单位组织施工、设计、监理等单位派专人全程配合。

3）预验收总结。各验收专业组汇总预验收发现的问题，在预验收结束 3 个工作日内向技术监督办公室提交专业组预验收意见。技术监督办公室根据各专业组预验收意见在预验收结束 5 个工作日内编制工程预验收报告并提交技术监督领导小组。

4）对预验收发现的问题，建设管理单位及时组织施工单位、设备厂家等单位进行整改并在规定的时间内向技术监督办公室反馈问题整改情况。

5）技术监督办公室根据预验收情况于工程计划投运日期前 7 日组织现场验收，梳理存在的问题，向建设管理单位发问题整改通知单。

6）根据工程建设主管部门问题整改情况反馈，在工程计划启动日期前 3 天组织有关专业组对现场验收遗留问题开展现场复验。

7）根据复验结果，编制工程交接验收报告并提交技术监督领导小组。工程交接验收报告经技术监督领导小组负责人批准后，作为工程启动验收依据，提交工程启委会。

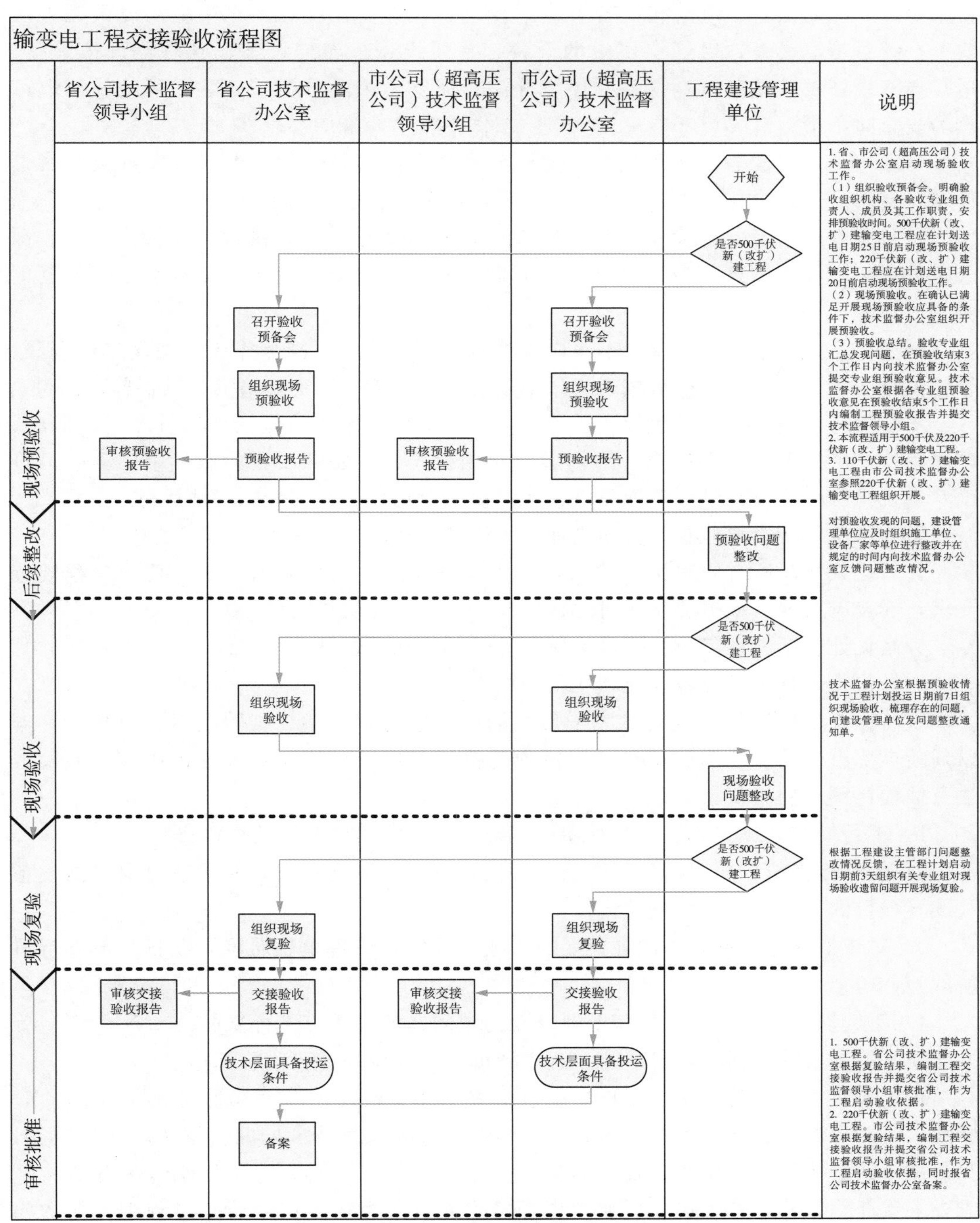

图 1－1　输变电工程交接验收流程

交接验收技术监督工作坚持“安全第一，分级负责，精益管理，标准作业，零缺投运”的原则。

安全第一，指变电运检验收工作应始终把安全放在首位，严格遵守国家及公司各项安全法律和规定，严格执行《国家电网公司电力安全工作规程》，认真开展危险点分析和预控，严防人身、电网和设备事故。参与验收人员在现场工作中应高度重视人身安全，针对带电设备、启停操作中的设备、瓷质设备、充油设备、含有毒气体设备、运行异常设备及其他高风险设备或环境等应开展安全风险分析，确认无风险或采取可靠的安全防护措施后方可开展工作，严防工作中发生人身伤害。

分级负责，指变电运检验收工作按照分级负责的原则管理，严格落实各级人员责任制，突出重点、抓住关键、严密把控，保证各项工作落实到位。

精益管理，指变电运检验收工作坚持精益求精的态度，以精益化评价为抓手，深入工作现场、深入管理细节，不断发现问题、不断改进工作、不断提升水平，争创世界一流管理水平。

标准作业，指变电运检验收工作应严格执行现场验收标准化作业，细化工作步骤、量化关键工艺，工作前严格审核、工作中逐项执行、工作后责任追溯，确保作业质量。

零缺投运，指各级变电运检人员应把零缺投运作为验收阶段工作目标，坚持原则、严谨细致，严把可研初设审查、厂内验收、到货验收、隐蔽工程验收、中间验收、竣工（预）验收、启动验收等各道关口，保障设备投运后长期安全稳定地运行。

验收方法包括资料检查、旁站见证、现场检查和现场抽查。

资料检查指对所有资料进行检查，其中设备安装、试验数据应满足相关规程规范要求，安装调试前后数值应有比对，且保持一致性，无明显变化。

旁站见证包括关键工艺、关键工序、关键部位和重点试验的见证。

现场检查包括现场设备外观和功能的检查。

现场抽查是指工程安装调试完毕后，抽取一定比例设备、试验项目进行检查，据以判断全部设备的安装调试项目是否按规范执行。现场抽检应明确抽查内容、抽检方法及抽检比例。抽查要求如下：

1）工程安装调试完毕后，运检单位应对交接试验项目进行抽样检查；

2）抽样检查应按照不同电压等级、不同设备类别分别进行，抽检项目应根据设备及试验项目的重要程度有所侧重；

3）对于抽样检查不合格的项目，应责成工程建设管理单位对该类项目全部进行重新试验；

4）对数据存在疑问、现场需要及反复出现问题的设备应进行复试。

同一类型（或者同一厂家）的多台设备可以合并使用一张验收标准卡。

现场验收人员须熟悉竣工（预）验收方案，掌握竣工（预）验收标准卡内的验收标准、安装、调试、试验数据等内容。现场验收过程必须持卡标准化作业，逐项打钩，关键试验数据要记录具体测试值，异常数据须及时汇报，必要时可组织专家开会讨论或要求重新测试等。验收完成后，各现场验收人员应当详细记录验收过程中发现的问题，形成记录并存档，最后在验收卡上签字确认。建设管理单位（部门）应组织设计、施工、监理单位配合做好现场竣工（预）验收工作。

交接验收技术监督工作的正常开展，取决于各流程执行人员对此项工作必要性的深刻理解和推进力度，取决于从事此项工作人员的技术和管理水平，这两方面决定着该项工作最终的工作质量。同时交接验收技术监督工作也要紧随电力技术发展方向进行必要调整，在确保电力设备安全运行的基础上，降低监督检测成本等相关费用，优化交接验收技术监督工作相关流程。在多元化的电力市场中，强化技术监督工作在电力生产过程中不可或缺的重要地位，最终目的就是要通过技术监督手段，有效地保证电网的安全经济运行，从而提高企业的社会效益和经济效益。

第2章　变压器、组合电器等交接验收标准、验收流程和方法

2.1　变压器交接验收

2.1.1　适用范围

本章节适用于35kV及以上变压器交接验收工作。

2.1.2　验收分工及验收内容

根据验收分工，变压器交接验收分为四个专业组开展。

2.1.2.1　一次专业组（表2-1）

表2-1　变压器一次专业验收标准表

序号	验收项目	验收标准	备注
一、本体外观验收			
1	外观检查	表面干净无脱漆锈蚀，无变形，密封良好，无渗漏，标志正确、完整，放气塞紧固。	
2	铭牌	设备出厂铭牌齐全、参数正确。	
3	相序	相序标志清晰正确。	
二、套管验收			
4	外观检查	a）瓷套表面无裂纹、清洁、无损伤，注油塞和放气塞紧固，无渗漏油。 b）油位计就地指示应清晰，便于观察，油位正常，油套管垂直安装油位在1/2以上（非满油位），倾斜15°安装应高于2/3至满油位。 c）相色标志正确、醒目。	
5	末屏检查	套管末屏密封良好，接地可靠。	

（续表）

序号	验收项目	验收标准	备注
6	升高座	法兰连接紧固，放气塞紧固。	
7	引出线安装	不采用铜铝对接过渡线夹，引线接触良好、连接可靠，引线无散股、扭曲、断股现象。	
三、分接开关验收			
8	无励磁分接开关	a）顶盖、操作机构档位指示一致。 b）操作灵活，切换正确，机械操作闭锁可靠。	
9	有载分接开关	a）手动电动档位切换均正确可靠。 b）本体、远方档位指示一致。 c）开关储油柜油位正常。	详见 2.1.3.8
四、在线净油装置验收			
10	外观	装置完好，部件齐全，各联管清洁、无渗漏、无污垢和无锈蚀；进油和出油的管接头上应安装逆止阀；连接管路的长度及角度适宜，使在线净油装置不受应力。	
11	装置性能	检查手动、自动及定时控制装置正常，按使用说明进行功能检查。	
五、储油柜验收			
12	外观检查	外观完好，部件齐全，联管清洁、无渗漏、无污垢和无锈蚀。	
13	胶囊气密性	呼吸通畅。	
14	旁通阀	抽真空及真空注油时阀门打开，真空注油结束立即关闭。	
15	断流阀	安装位置正确、密封良好，性能可靠，投运前处于运行位置。	
16	油位计	a）反映真实油位，油位符合油温油位曲线要求，油位清晰可见，便于观察。 b）油位表的信号接点位置正确、动作准确，绝缘良好。	
六、吸湿器验收			
17	外观	密封良好，无裂纹，吸湿剂干燥、自上而下无变色，在顶盖下应留出 1/5～1/6 高度的空隙，在 2/3 位置处应有标识。	
18	油封油位	油量适中，在最低刻度与最高刻度之间，呼吸正常。	
19	连通管	清洁、无锈蚀。	
七、压力施放装置验收			
20	安全管道	将油导至离地面 500mm 高处，喷口朝向鹅卵石，并且不应靠近控制柜或其他附件。	

（续表）

序号	验收项目	验收标准	备注
21	定位装置	定位装置应拆除。	
八、气体继电器验收			
22	校验	校验合格。	
23	继电器安装	继电器上的箭头标志应指向储油柜，无渗漏，无气体，芯体绑扎线应拆除，油位观察窗挡板应打开。	
24	继电器防雨、防震	户外变压器加装防雨罩，本体应被遮蔽，不能被雨水直淋。	
25	浮球及干簧接点	采用排油注氮保护装置的变压器应使用双浮球结构的气体继电器。	
26	集气盒	集气盒应引下便于取气，集气盒内要充满油、无渗漏，管路无变形、无死弯，处于打开状态。	
27	主连通管	朝储油柜方向有1.5%～2%的升高坡度。	
九、温度计验收			
28	温度计校验	校验合格。	
29	密封	密封良好、无凝露，温度计应具备良好的防雨措施，本体应被遮蔽，不能被雨水直淋。	
30	温度计座	a）温度计座应注入适量变压器油，密封良好。 b）闲置的温度计座应注入适量变压器油密封，不得进水。	
31	金属软管	不宜过长，固定良好，无破损变形、死弯，弯曲半径≥50mm。	
十、冷却装置验收			
32	外观检查	无变形、渗漏；外接管路清洁、无锈蚀，流向标志正确，安装位置偏差符合要求。	
33	潜油泵	运转平稳，转向正确，转速≤1000r/min，潜油泵的轴承应采取E级或D级，油泵转动时应无异常噪音、振动。	
34	油流继电器	指针指向正确，无抖动。	
35	所有法兰连接	连接螺栓紧固，端面平整，无渗漏。	
36	风扇	安装牢固，运转平稳，转向正确，叶片无变形。	
37	阀门	操作灵活，开闭位置正确，阀门接合处无渗漏油现象。	
38	冷却器两路电源	两路电源任意一相缺相，断相保护均能正确动作，两路电源相互独立、互为备用。	
39	风冷控制系统动作校验	动作校验正确。	

（续表）

序号	验收项目	验收标准	备注
十一、接地装置验收			
40	外壳接地	a）两点以上与不同的接地网主网格连接，牢固，导通良好，截面符合动热稳定要求。 b）变压器本体上、下油箱连接排螺栓紧固，接触良好。	
41	中性点接地	套管引线应加软连接，使用双根接地排引下，与接地网主网格的不同边连接，每根引下线截面符合动热稳定校核要求。	
45	平衡线圈接地	a）平衡线圈若两个端子引出，管间引线应加软连接，截面符合动热稳定要求。 b）平衡线圈若三个端子引出，则单个套管接地，另外两个端子应加包绝缘热缩套，防止端子间短路。	
46	铁芯接地	接地良好，接地引下应便于接地电流检测，引下线截面满足热稳定校核要求，铁心接地引下线应与夹件接地分别引出，并在油箱下部分别标识。	
44	夹件接地	接地良好，接地引下应便于接地电流检测，引下线截面满足热稳定校核要求。	
45	组部件接地	a）储油柜、套管、升高座、有载开关、端子箱等应有短路接地。 b）本体及附件的对接法兰应用等电位跨接线（片）连接。	
十二、中性点间隙验收			
46	中性点放电间隙安装	a）棒-棒间隙需水平布置。 b）棒-棒间隙与周围物体保持合适的距离。 c）间隙距离及中性点避雷器参数配合应进行校核。	详见 2.1.3.9
十三、其他验收			
47	35kV、20kV、10kV 铜排母线桥	a）装设绝缘热缩保护，加装绝缘保护层，引出线需用软连接引出。 b）引排挂接地线处三相应错开。	
48	各侧引线	接线正确，松紧适度，排列整齐，相间、对地安全距离满足要求。 接线端子连接面应涂以薄层电力复合脂。 户外引线 400mm 及以上线夹朝上 30°～90°安装时，应在底部设滴水孔。 220kV 及以下主变压器的 6kV～35kV 中（低）压侧引线、户外母线（不含架空软导线型式）及接线端子应绝缘化；500（330）kV 变压器 35kV 套管至母线的引线应绝缘化；变电站出口 2km 内的 10kV 线路应采用绝缘导线。	

（续表）

序号	验收项目	验收标准	备注
49	导电回路螺栓	a）主导电回路采用强度8.8级热镀锌螺栓。 b）采取弹簧垫圈等防松措施。 c）连接螺栓应齐全、紧固，紧固力矩符合GB50149标准。	
50	爬梯	梯子有一个可以锁住踏板的防护机构，距带电部件的距离应满足电气安全距离的要求；无集气盒的应便于对气体继电器带电取气。	
51	控制箱、端子箱、机构箱	a）安装牢固，密封、封堵、接地良好。 b）除器身端子箱外，加热装置与各元件、二次电缆的距离应大于50mm，温控器有整定值，动作正确，接线整齐。 c）端子箱、冷却装置控制箱内各空开、继电器标志正确、齐全。 d）端子箱内直流“+”“—”极，跳闸回路与其他回路接线之间应至少有一个空端子。 e）直流回路应分开使用独立的电缆，二次电缆走向牌标示清楚。	
52	事故排油设施	完好、通畅。	
53	专用工器具清单、备品备件	齐全。	

2.1.2.2　二次专业组（表2-2）

表2-2　变压器二次专业验收标准表

序号	验收项目	验收标准	备注
一、套管验收			
1	二次接线盒	密封良好，二次引线连接紧固、可靠，内部清洁；电缆备用芯加装保护帽；备用电缆出口应进行封堵。	
二、压力施放装置验收			
2	电触点检查	接点动作准确，绝缘良好。	
三、气体继电器验收			
3	继电器防雨、防震	户外变压器加装防雨罩，二次电缆进线50mm应被遮蔽，45°向下不能被雨水直淋。	
4	浮球及干簧接点	浮球及干簧接点完好、无渗漏，接点动作可靠。	
四、温度计验收			
5	整定与调试	根据运行规程（或制造厂规定）整定，接点动作正确。	
6	温度指示	现场多个温度计指示的温度、控制室温度显示装置或监控系统的温度应基本保持一致，误差不超过5K。	

（续表）

序号	验收项目	验收标准	备注
7	密封	密封良好、无凝露，温度计应具备良好的防雨措施，本体及二次电缆进线50mm应被遮蔽，45°向下不能被雨水直淋。	
五、冷却装置验收			
8	油流继电器	继电器接点动作正确，无凝露。	
六、接地装置验收			
9	备用CT短接接地	正确、可靠。	
七、中性点间隙电流保护验收			
10	间隙电流保护	保护整定值一次侧可取50A～100A，时间取0.5s～0.8s，动作于跳闸。	
八、其他验收			
11	控制箱、端子箱、机构箱	a）安装牢固，密封、封堵、接地良好。 b）除器身端子箱外，加热装置与各元件、二次电缆的距离应大于50mm，温控器有整定值，动作正确，接线整齐。 c）端子箱和冷却装置控制箱内各空开、继电器标志正确、齐全。 d）端子箱内直流“+”“－”极，跳闸回路与其他回路接线之间应至少有一个空端子，二次电缆备用芯应加装保护帽。 e）交直流回路应分开使用独立的电缆，二次电缆走向牌标示清楚。	
12	二次电缆	a）电缆走线槽应固定牢固，排列整齐，封盖良好并不易积水。 b）电缆保护管无破损锈蚀。 c）电缆浪管不应有积水弯或高挂低用现象，若有则应做好封堵并开排水孔。	
13	消防设施	齐全、完好，符合设计要求或厂家标准。	
14	事故排油设施	完好、通畅。	

2.1.2.3　交接试验组（表2－3）

表2－3　变压器试验专业验收标准表

序号	验收项目	验收标准	备注
一、绝缘油试验验收			
1	绝缘油试验	a）应在注油静置后、耐压和局部放电试验24h后各进行一次器身内绝缘油的油中溶解气体色谱分析。 b）油中气体含量应符合以下标准：氢气≤10μL/L、乙炔≤0.1μL/L、总烃≤20μL/L。特别应注意有无增长。	详见2.1.3.5

（续表）

序号	验收项目	验收标准	备注
二、电气试验验收			
2	绕组变形试验	试验方法、试验结果满足标准要求。	详见2.1.3.1
3	绕组连同套管的绝缘电阻、吸收比或极化指数测量	试验方法、试验结果满足标准要求。	详见2.1.3.2
4	铁心及夹件绝缘电阻测量	采用2500V兆欧表测量，持续时间为1min，绝缘电阻值不小于1000MΩ，应无闪络及击穿现象。	
5	绕组连同套管的泄漏电流测量	试验方法、试验结果满足标准要求。	详见2.1.3.3
6	套管绝缘电阻	主绝缘对地绝缘电阻不小于10000MΩ、末屏对地绝缘电阻不小于1000MΩ。	
7	绕组连同套管的介质损耗、电容量测量	a）被测绕组的 $\tan\delta$ 值符合标准要求。 b）测量的 $\tan\delta$ 值需进行温度换算。 c）绕组电容量与出厂试验值相比差值在±5%范围内。	详见2.1.3.4
8	套管中的电流互感器试验	试验方法、试验结果满足标准要求。	详见2.1.3.5
9	非纯瓷套管的试验	a）电容型套管的介损与出厂值相比无明显变化，电容量与产品铭牌数值或出厂试验值相比差值在±5%范围内。 b）介质损耗因数符合330kV及以上：$\tan\delta \leqslant 0.5\%$；其他油浸纸，$\tan\delta \leqslant 0.7\%$；胶浸纸，$\tan\delta \leqslant 0.7\%$。	
10	绕组连同套管的直流电阻测量	试验方法、试验结果满足标准要求。	详见2.1.3.6
11	有载调压切换装置的检查和试验	应进行有载调压切换装置切换特性试验，检查全部动作顺序。过渡电阻阻值、三相同步偏差、切换时间等符合厂家技术要求。	
12	所有分接位置的电压比检查	额定分接头电压比误差不大于±0.5%，其他电压分接比误差不大于±1%，与制造厂铭牌数据相比应无明显差别。	
13	三相接线组别和单相变压器引出线的极性检查	接线组别和极性与铭牌一致。	
14	绕组连同套管的交流耐压试验	外施交流电压按出厂值80%进行。	

（续表）

序号	验收项目	验收标准	备注
15	绕组连同套管的长时感应电压试验带局部放电（即局放）试验	a）110kV及以上变压器必须进行现场局部放电。 b）局部放电测试数据必须满足相关规定要求。	详见2.1.3.7
三、试验数据分析验收			
16	试验数据的分析	试验数据应通过显著性差异分析法和横纵比分析法进行分析，并提出意见。	

2.1.2.4　变电运维组（表2－4）

表2－4　变压器变电运行专业验收标准表

序号	验收项目	验收标准	备注
1	订货合同、技术协议、设计联络会纪要	资料齐全。	
2	安装使用说明书、图纸、维护手册等技术文件	资料齐全。	
3	重要附件的工厂检验报告和出厂试验报告	套管、分接开关、气体继电器、压力释放阀等重要附件资料齐全。	
4	抗短路能力动态计算报告（或突发短路型式试验报告）	资料齐全，数据合格。	
5	变压器整体出厂试验报告	资料齐全，数据合格。	
6	工厂监造报告	资料齐全。	
7	三维冲撞记录仪记录纸和押运记录	各项记录齐全，数据合格。	
8	安装检查及安装过程记录	记录齐全，数据合格。	
9	安装质量检验及评定报告	记录齐全。	
10	安装过程中设备缺陷通知单、设备缺陷处理记录	记录齐全。	
11	交接试验报告	项目齐全，数据合格。	
12	专用工器具、备品备件	按清单进行清点验收。	

2.1.3　验收要点及条款要求

2.1.3.1　绕组变形试验

（1）验收要点

a）110（66）kV及以上变压器应分别采用低电压短路阻抗法、频率响应法进行该项试验；35kV 及以下变压器采用低电压短路阻抗法进行该项试验。

b）容量 100MVA 及以下且电压 220kV 以下变压器低电压短路阻抗值与出厂值相比偏差不大于±2%，相间偏差不大于±2.5%；容量 100MVA 以上或电压 220kV 及以上变压器低电压短路阻抗值与出厂值相比偏差不大于±1.6%，相间偏差不大于±2.0%。

c）绕组频响曲线的各个波峰、波谷点所对应的幅值及频率与出厂试验值基本一致，且三相之间结果相比无明显差别。

（2）验收要求

现场见证或查阅交接试验报告。对应验收要点，查看现场工作开展或交接试验报告记录是否符合要求。

2.1.3.2 绕组连同套管的绝缘电阻、吸收比或极化指数测量

（1）验收要点

a）绝缘电阻值不低于产品出厂试验值的 70%或不低于 10000MΩ（20 ℃），吸收比（R60/R15）不小于 1.3，或极化指数（R600/R60）不应小于 1.5（10 ℃～40 ℃）；同时换算至出厂同一温度进行比较。

b）吸收比、极化指数与出厂值相比无明显变化。

c）35kV～110kV 变压器 R60 大于 3000MΩ（20℃）吸收比不做考核要求，220kV 及以上大于 10000MΩ（20 ℃）时，极化指数可不做考核要求。

（2）验收要求

现场见证或查阅交接试验报告。对应验收要点，查看现场工作开展或交接试验报告记录是否符合要求。

2.1.3.3 绕组连同套管的泄漏电流测量

（1）验收要点

35kV 及以上，且容量在 8000kVA 及以上时，进行该项目。

a）试验电压标准（表 2-5）：

表 2-5 绕组试验电压标准

绕组额定电压（kV）	6～10	20～35	63～330	500
直流试验电压（kV）	10	20	40	60

注：绕组额定电压为 13.8kV 及 15.75kV 时，按 10kV 级标准；18kV 时，按 20kV 级标准；分级绝缘变压器仍按被试绕组电压等级的标准。

b）绕组泄漏电流值不宜超过表 2-6 规定。

表 2-6 绕组泄漏电流值标准

额定电压（kV）	试验电压峰值（kV）	在下列温度时的绕组泄漏电流值（μA）							
		10	20	30	40	50	60	70	80
2～3	5	11	17	25	39	55	83	125	178
6～15	10	22	33	50	77	112	166	250	356

（续表）

额定电压（kV）	试验电压峰值（kV）	在下列温度时的绕组泄漏电流值（μA）							
		10	20	30	40	50	60	70	80
20～35	20	33	50	74	111	167	250	400	570
63～330	40	33	50	74	111	167	250	400	570
500	60	20	30	45	67	100	150	235	330

（2）验收要求

现场见证或查阅交接试验报告。对应验收要点，查看现场工作开展或交接试验报告记录是否符合要求。

2.1.3.4　绕组连同套管的介质损耗、电容量测量

（1）验收要点

a）被测绕组的 tanδ 值不宜大于产品出厂试验值的 130%，当大于 130%时，可结合其他绝缘试验结果综合分析判断。

b）换算至同一温度进行比较。20℃时介质损耗因数要求 330kV 及以上，tanδ≤0.5%；在 110（66）kV～220kV，tanδ≤0.8%；在 35kV 及以下，tanδ≤1.5%。

c）绕组电容量与出厂试验值相比差值在±5%范围内。

（2）验收要求

现场见证或查阅交接试验报告。对应验收要点，查看现场工作开展或交接试验报告记录是否符合要求。

2.1.3.5　套管中的电流互感器试验

（1）验收要点

a）各绕组比差和角差应与出厂试验结果相符。

b）校核工频下的励磁特性，应满足继电保护要求，与制造厂提供的励磁特性应无明显差别。

c）各二次绕组间及其对外壳的绝缘电阻不宜低于 1000MΩ；端子箱内 CT 二次回路绝缘电阻大于 1MΩ。

d）二次端子极性与接线应与铭牌标志相符。

e）电流互感器变比、直流电阻试验合格。

（2）验收要求

现场见证或查阅交接试验报告。对应验收要点，查看现场工作开展或交接试验报告记录是否符合要求。

2.1.3.6　绕组连同套管的直流电阻测量

（1）验收要点

测量应在各分接头的所有位置进行，在同一温度下：

a）1600kVA 及以下容量等级三相变压器，各相测得值的相互差应小于平均值的 4%，线间测得值的相互差应小于平均值的 2%。

b）1600kVA 及以上三相变压器，各相测得值的相互差应小于平均值的 2%，线间测得值的相互差应小于平均值的 1%。

c）与出厂实测值比较，变化不应大于 2%。

（2）验收要求

现场见证或查阅交接试验报告。对应验收要点，查看现场工作开展或交接试验报告记录是否符合要求。

2.1.3.7　局部放电试验验收

（1）验收要点

110kV 及以上变压器必须进行现场局部放电（即局放）试验。按照《电力变压器 第 3 部分：绝缘水平、绝缘试验和外绝缘空气间隙》规定进行：

对于新投运油浸式变压器，要求 1.5 $Um/\sqrt{3}$ 电压下，220kV～750kV 变压器局放量不大于 100pC。

1000kV 特高压变压器测量电压为 1.3 $Um/\sqrt{3}$，主体变压器高压绕组不大于 100pC，中压绕组不大于 200pC，低压绕组不大于 300pC；调压补偿变压器 110kV 端子不大于 300pC。

对于有运行史的 220kV 及以上油浸式变压器，要求 1.3$Um/\sqrt{3}$ 电压下，局部放电量一般不大于 300pC。

局部放电测量前、后本体绝缘油色谱试验比对结果应合格。

（2）验收要求

现场见证或查阅资料，记录局部放电试验结果是否符合要求。

2.1.3.8　有载分接开关验收

（1）验收要点

a）新投或检修后的有载分接开关，应对切换程序与时间进行测试。

b）在变压器无电压下，手动操作不少于 2 个循环、电动操作不少于 5 个循环。其中电动操作时电源电压为额定电压的 85%及以上。

c）本体指示、操作机构指示以及远方指示应一致。

d）操作无卡涩、联锁、限位，连接校验正确，操作可靠；机械联动、电气联动的同步性能应符合制造厂要求，对远方、就地以及手动、电动均进行操作检查。

e）有载开关储油柜油位正常，并略低于变压器本体储油柜油位。

f）有载开关防爆膜处应有明显防踩踏的提示标志。

（2）验收要求

对应验收要点条目，记录有载分接开关测试是否符合要求。

2.1.3.9　中性点放电间隙安装

（1）验收要点

a）根据各单位变压器中性点绝缘水平和过电压水平校核后确定的数值进行验收。

b）主变中性点间隙装置制作应整齐、美观，宜采用成套装置。间隙距离与避雷器应同时配合保证工频和操作过电压都能防护，要求如下：

1）220kV 主变中性点保护宜采用 320mm 棒-棒间隙与额定电压 146kV，残压 320kV 的氧化锌避雷器并联的方式；

2）110kV 主变压器中性点绝缘水平为 60kV 的中性点，宜采用间隙长度为 140mm～160mm 与额定电压 73kV，残压 200kV 的氧化锌避雷器并联的方式；

3）110kV 主变压器中性点绝缘水平为 44kV 的中性点，宜采用间隙长度为 130mm～140mm 与额定电压 60kV，残压 144kV 的氧化锌避雷器并联的方式；

4）110kV 主变压器中性点绝缘水平为 35kV 的中性点，宜采用间隙长度为 120mm～130mm 与额定电压 48kV，残压 109kV 的氧化锌避雷器并联的方式；

c）棒-棒间隙可用直径 14mm 或 16mm 的圆钢，棒-棒间隙水平布置，端部为半球形，表面加工细致无毛刺并镀锌，尾部应留有 15mm～20mm 螺扣，用于调节间隙距离。

d）在安装棒-棒间隙时，应考虑与周围接地物体的距离＞1m，接地棒长度应⩾0.5m，离地面距离应⩾2m。

e）中性点间隙采用成套装置时，应通过相关单位试验合格后投入运行。

（2）验收要求

对应验收要点，记录中性点放电间隙安装是否符合要求。

2.1.3.10 冷却装置调试

（1）验收要点

a）冷却装置应试运行正常，联动正确；强迫油循环的变压器、电抗器应启动全部冷却装置，循环 4h 以上，并应排完残留空气。

b）油循环变压器的潜油泵应选用转速不大于 1500r/min 的低速潜油泵。潜油泵的轴承应采取 E 级或 D 级，强迫油循环结构的潜油泵启动应逐台启用，延时间隔应在 30s 以上，以防气体继电器误动。

c）对强迫油循环冷却系统的两个独立电源的自动切换装置，有关信号装置应齐全可靠。冷却系统电源应有三相电压监测，任一相故障失电时，应保证自动切换至备用电源供电。

d）油流继电器指示正确、潜油泵转向正确，无异常噪声、振动或过热现象。油泵密封良好，无渗油或进气现象。

（2）验收要求

查阅资料对应验收要求条目，记录冷却装置功能是否符合要求。

2.1.3.11 绝缘油试验

（1）验收要点

a）变压器注油（热油循环）完毕后，在施加电压前，应进行静置。110（66）kV 及以下变压器静置时间不少于 24h；220kV 及 330kV 变压器静置时间不少于 48h；500kV 及 750kV 变压器静置时间不少于 72h；1000kV 变压器静置时间不少于 168h。

b）应在注油静置后、耐压和局部放电试验 24h 后、冲击合闸及额定电压下运行 24h 后，各进行一次变压器器身内绝缘油的油中溶解气体的色谱分析。

c）新装变压器油中总烃含量不应超过 20μL/L、氢气含量不应超过 10μL/L、乙炔含量不应超过 0.1μL/L。

d）准备注入变压器、电抗器的新油应按要求开展简化分析；绝缘油需要进行混合时，在混合前，应按混油的实际使用比例先取混油样进行分析，其结果应符合现行国家标准《运行变压器油维护管理导则》GB/T 14542—2017 有关规定。

e）变压器本体、有载分接开关绝缘油击穿电压应符合 GB 50150—2016 的规定。

f）其他性能指标详见表 2-7。

表 2-7 绝缘油其他性能指标

序号	验收项目	验收标准
1	击穿电压（kV）	750kV～1000kV：≥70kV。 500kV：≥60kV。 330kV：≥50kV。 66kV～220kV：≥40kV。 35kV 及以下：≥35kV。 有载分接开关中绝缘油：≥30kV。
2	水分（mg/L）	1000kV（750kV）：≤8。 330kV～500kV：≤10。 220kV：≤15。 110kV 及以下：≤20。
3	介质损耗因数 $\tan\delta$（90 ℃）	≤0.005。
4	闪点（闭口）（℃）	DB：≥135。
5	界面张力（25 ℃）mN/m	≥35。
6	酸值（mgKOH/g）	≤0.03。
7	水溶性酸 pH 值	＞5.4。
8	油中颗粒度	a）1000kV（750kV）：5μm～100μm 的颗粒度≤1000/100mL；无 100μm 以上的颗粒。 b）500kV 及以上：大于 5μm 的颗粒度≤2000/100mL。
9	体积电阻率（90 ℃）（Ω·m）	$\geqslant 6\times10^{10}$。
10	含气量（V/V）（%）	1000kV≤0。 500kV≤1。
11	糠醛（mg/L）	＜0.05。
12	腐蚀性硫	非腐蚀性。
13	色谱	H_2＜10 μL/L，C_2H_2＝0 μL/L，总烃≤20 μL/L。
14	结构簇	应提供绝缘油结构簇组成报告。

（2）验收要求

查阅现场检查记录或试验报告，对应验收要点条目，记录绝缘油静置及试验结果是否符合要求。

2.1.3.12 SF_6 气体试验

(1) 验收要点

1) SF_6 气体在充入电气设备 24h 后方可进行试验，48h 后方可进行气体含水量测试。SF_6 气体含水量（20℃的体积分数）一般不大于 250μL/L，变压器应无明显泄漏点。

2) SF_6 气体年泄漏率应不大于 0.5%。

(2) 验收要求

查阅试验报告，对应监督要点条目，记录 SF_6 气体试验结果是否符合要求。

2.2 组合电器交接验收

2.2.1 适用范围

本章节适用于 35kV 及以上组合电器交接验收工作。

2.2.2 验收分工及验收内容

根据验收分工，组合电器交接验收分为四个专业组开展。

2.2.2.1 一次专业组（表 2-8）

表 2-8 组合电器一次专业验收标准表

序号	验收项目	验收标准	备注
1	外观检查	a）安装牢固、外表清洁完整，支架及接地引线无锈蚀和损伤，瓷件完好清洁。 b）避雷器泄露电流表安装高度最高不大于 2m。 c）电流互感器、电压互感器接线盒电缆进线口封堵严实，箱盖密封良好。 d）开关机构箱机构密封完好，加热驱潮装置运行正常检查。机构箱开合顺畅、箱内无异物。	
2	标志	主母线相序标志清晰，壳体表面应喷涂完整的一次模拟接线图。	
3	接地检查	接地引下线连接牢固，接地排应直接连接到地网，电压互感器、避雷器、快速接地开关应采用专用接地线直接连接到地网，不应通过外壳和支架接地。	
4	密度继电器及连接管路	a）每一个独立气室应装设密度继电器，严禁出现串联连接。 b）校验合格，报警值（接点）正常。 c）户外安装密度继电器必须有防雨罩。 d）密度继电器满足不拆卸校验要求，表计朝向巡视通道。	

（续表）

序号	验收项目	验收标准	备注
5	伸缩节及波纹管检查	a）检查伸缩节跨接接地排的安装配合满足伸缩节调整要求，接地排与法兰的固定部位应涂抹防水胶。 b）检查伸缩节温度补偿装置完好。应考虑安装时环境温度的影响，合理预留伸缩节调整量。	
6	法兰盲孔检查	盲孔必须打密封胶，确保盲孔不进水。	
7	隔离、接地开关电动机构	a）操作灵活、无卡涩，分合指示正确。 b）隔离开关控制电源和操作电源应独立分开。同一间隔内的多台隔离开关，必须分别设置独立的开断设备。 c）机构的电动操作与手动操作相互闭锁应可靠。 d）机构应设置闭锁销，闭锁销处于“闭锁”位置，机构既不能电动操作也不能手动操作；处于“解锁”位置时能正常操作。	
8	断路器操作机构	a）断路器储能位置指示器、分合闸位置指示器应与实际相符且便于观察巡视。 b）机构箱应密封良好、箱底无水迹，驱潮、加热装置应工作正常。 c）机械特性测试结果，符合其产品技术条件的规定；测量开关的行程—时间特性曲线，在规定的范围内。	详见2.2.3.1
9	防爆膜	防爆膜完好，防雨罩无破损。	
10	出线端及各附件连接部位	a）连接牢固可靠，并按规定力矩进行紧固。 b）在可能出现冰冻的地区，线径为 $400mm^2$ 及以上的、压接孔向上30°～90°的压接线夹，应打排水孔。	
11	绝缘盆子带电检测部位检查	绝缘盆子为非金属封闭、金属屏蔽但有浇注口；可采用带金属法兰的盆式绝缘子，但应预留窗口，预留浇注口盖板宜采用非金属材质，以满足现场特高频带电检测要求。	
12	抽真空处理	a）SF_6 开关设备进行抽真空处理时，应采用出口带有电磁阀的真空处理设备，在使用前应检查电磁阀，确保动作可靠，在真空处理结束后应检查抽真空管的滤芯是否存在油渍。 b）禁止使用麦氏真空计。	

2.2.2.2　二次专业组（表2-9）

表2-9　组合电器二次专业验收标准表

序号	验收项目	验收标准	备注
1	汇控柜外观检查	a）汇控柜柜门必须有限位措施，开、关灵活，门锁完好。 b）回路模拟线正确、无脱落。 c）底面及引出、引入线孔和吊装孔，封堵严密可靠。	

（续表）

序号	验收项目	验收标准	备注
2	二次接线端子及二次元件	a）二次引线连接紧固、可靠，内部清洁；电缆备用芯戴绝缘帽。 b）汇控柜内二次元件排列整齐、固定牢固，并贴有清晰的中文名称标识。 c）断路器二次回路不应采用 RC 加速设计。 d）断路器安装后必须对其二次回路中的防跳继电器、非全相继电器进行传动，并保证在模拟手合于故障条件下断路器不会发生跳跃现象。	
3	加热、驱潮装置	运行正常、功能完备。加热、驱潮装置应保证长期运行时不对箱内邻近设备、二次线缆造成热损伤，邻近设备与二次电缆距离应大于 50mm，其二次电缆应选用阻燃电缆。	
4	带电显示装置与接地刀闸的闭锁	带电显示装置自检正常，闭锁可靠。	
5	主设备间联锁检查	a）满足“五防”闭锁要求。 b）汇控柜联锁、解锁功能正常。	
6	槽盒	电缆槽盒封堵良好，各段的跨接排设备合理，接地良好。	

2.2.2.3　交接试验组（表 2－10）

表 2－10　组合电器交接试验验收标准表

序号	验收项目	验收标准	备注
1	主回路绝缘试验	a）老练试验，应在现场耐压试验前进行。 b）在 $1.1Um/\sqrt{3}$ 下进行局部放电检测，72.5kV～363kV 组合电器的交流耐压值应为出厂值的 100%；550kV 及以上电压等级组合电器的交流耐压值应不低于出厂的 90%。 c）有条件时还应进行冲击耐压试验，雷电冲击试验和操作冲击试验电压值为型式试验施加电压值的 80%，正负极性各三次。 d）应在完整间隔上进行。 e）局部放电试验应随耐压试验一并进行。	
2	气体密度继电器试验	a）进行各触点（如闭锁触点、报警触点等）的动作值的校验。 b）随组合电器本体一起，进行密封性试验。	
3	辅助和控制回路绝缘试验	采用 2500V 兆欧表且绝缘电阻大于 10MΩ。	
4	主回路电阻试验	a）采用电流不小于 100A 的直流压降法。 b）现场测试值不得超过控制值 R_n（R_n 是产品技术条件规定值。 c）应注意与出厂值的比较，不得超过出厂实测值的 120%。 d）注意三相测试值的平衡度，如三相测量值存在明显差异，须查明原因。 e）测试应涵盖所有电气连接。	

序号	验收项目	验收标准	备注
5	气体密封性试验	组合电器静止24h后进行，采用检漏仪对各气室密封部位、管道接头等处进行检测时，检漏仪不应报警；每一个气室年漏气率不应大于0.5%。	
6	SF_6 气体试验	a）SF_6 气体必须经 SF_6 气体质量监督管理中心抽检合格，并出具检测报告后方可使用。 b）SF_6 气体注入设备前后必须进行湿度检测，且应对设备内气体进行 SF_6 纯度检测，必要时进行 SF_6 气体分解产物检测。结果符合标准要求。 c）组合电器静止24h后进行 SF_6 气体湿度（20℃的体积分数）试验，应符合下列规定：有灭弧分解物的气室，应不大于150μL/L；无灭弧分解物的气室，应不大于250μL/L。	
7	机械特性试验	a）机械特性测试结果，符合其产品技术条件的规定；测量开关的行程-时间特性曲线，在规定的范围内。 b）应进行操动机构低电压试验，符合其产品技术条件的规定。	

2.2.2.4 变电运维组（表2-11）

表2-11 组合电器变电运维验收标准表

序号	验收项目	验收标准	备注
1	订货合同、技术协议	资料齐全。	
2	安装使用说明书，图纸、维护手册等技术文件	资料齐全。	
3	重要附件的工厂检验报告和出厂试验报告	资料齐全，数据合格。	
4	出厂试验报告	资料齐全，数据合格。	
5	三维冲撞记录仪记录纸和押运记录	记录齐全，数据合格。	
6	安装检查及安装过程记录	记录齐全，数据合格。	
7	安装过程中设备缺陷通知单、设备缺陷处理记录	记录齐全。	
8	交接试验报告	项目齐全，数据合格。	
9	变电工程投运前电气安装调试质量监督检查报告	项目齐全，质量合格。	
10	传感器布点设计详细报告	资料齐全。	
11	设备监造报告	资料齐全，数据合格。	
12	备品备件、专用工器具、仪器清单	按清单进行清点验收。	
13	气室分割图、吸附剂布置图	资料齐全，与现场实际核对一致。	

2.2.3 验收要点及条款要求

2.2.3.1 设备外观

（1）验收要点

GIS 应安装牢靠、外观清洁。瓷套应完整无损、表面清洁。所有柜、箱防雨防潮性能应良好，本体电缆防护应良好。油漆应完好，出厂铭牌、相色标志、内部元件标示应正确。带电显示装置显示应正确。户外断路器应采取防止密度继电器二次接头受潮的防雨措施。

（2）验收要求

对应验收要点条目，现场查看 1 个间隔，验收结果应符合要求，记录不满足要点要求的相关情况及现场抽查间隔的出厂编号。

2.2.3.2 整体耐压试验

（1）验收要点

交接试验时，应在交流耐压试验的同时进行局部放电检测，交流耐压值应为出厂值的 100%。有条件时还应进行冲击耐压试验。试验中如发生放电，应先确定放电气室并查找放电点，经过处理后重新试验。

若金属氧化物避雷器、电磁式电压互感器与母线之间连接有隔离开关，在工频耐压试验前进行老练试验时，可将隔离开关合上，加额定电压检查电磁式电压互感器的变比以及金属氧化物避雷器阻性电流和全电流。

（2）验收要求

根据工程需要现场见证试验全过程，交流耐压试验过程应符合要求。

查阅资料，包括交接试验报告和耐压试验方案（应是签批后的正式版本），记录设备交流耐压试验和设备交流耐压试验前静置时间是否满足要求，试验电压值及持续时间是否满足验收要求。

2.2.3.3 气体检测系统

（1）验收要点

每个封闭压力系统（隔室）应设置密度监视装置，制造厂应给出补气报警密度值，对断路器室还应给出闭锁断路器分、合闸的密度值。

密度监视装置可以是密度表，也可以是密度继电器，并设置运行中可更换密度表（密度继电器）的自封接头或阀门。在此部位还应设置抽真空及充气的自封接头或阀门，并带有封盖。当选用密度继电器时，还应设置真空压力表及气体温度压力曲线铭牌，在曲线上应标明气体额定值、补气值曲线。在断路器隔室曲线图上还应标有闭锁值曲线。各曲线应用不同颜色表示。

密度监视装置可以按 GIS 的间隔集中布置，也可以分散在各隔室附近。当采用集中布置时，管道直径要足够大，以提高抽真空的效率及真空极限。

密度监视装置、压力表、自封接头或阀门及管道均应有可靠的固定措施。

应有防止内部故障短路电流发生时在气体监视系统上可能产生的分流现象的措施。

气体监视系统的接头密封工艺结构应与GIS的主件密封工艺结构一致。

SF_6 密度继电器与GIS本体之间的连接方式应满足不拆卸校验密度继电器的要求。密度继电器应装设在与GIS本体同一运行环境温度的位置，其密度继电器应满足环境温度在-40℃～-25℃时准确度不低于2.5级的要求。

三相分箱的GIS母线及断路器气室，禁止采用管路连接。独立气室应安装单独的密度继电器，密度继电器表计应朝向巡视通道。

(2) 验收要求

查阅厂家设计图纸、密封工艺和气体检测系统技术参数文件，并与现场装置进行比较，气体检测系统应符合相应技术要求规范。

2.2.3.4 检漏（密封）试验

(1) 验收要点

气体密度表、继电器必须经核对性检查合格。油浸式互感器外表应无可见油渍现象；SF_6 气体绝缘互感器定性检漏无泄露点，有怀疑时进行定量检漏，年泄漏率应小于0.5%。每个封闭压力系统或隔室允许的相对年漏气率应不大于0.5%。

(2) 验收要求

查看密度继电器、压力表校验报告及检定证书，查阅断路器交接试验报告，检查油浸式互感器外表有无可见油渍现象；SF_6 气体绝缘互感器定性检漏有无泄露点。

2.2.3.5 电流回路检查

(1) 验收要点

应检查电流互感器二次绕组所有二次接线的正确性及端子排引线螺钉压接的可靠性。

应检查电流二次回路的接地点与接地状况，电流互感器的二次回路必须分别且只能有一点接地；由几组电流互感器二次组合的电流回路，应在有直接电气连接处一点接地。

(2) 验收要求

查看电流二次回路图纸，根据工程需要现场抽查1个间隔的实际接线是否与图纸相符，检查电流互感器二次绕组所有二次接线的正确性及端子排引线螺钉压接的可靠性。

2.2.3.6 断路器操作机构验收

(1) 验收要点

断路器液压机构：下方应无油迹，机构箱的内部应无液压油渗漏。储能时间符合产品技术要求，额定压力下，液压机构的24h压力降应满足产品技术条件规定（安装单位提供报告）。油泵启动停止、闭锁自动重合闸、闭锁分合闸、氮气泄漏报警、氮气预充压力、零起建压时间等应和产品技术条件相符。防失压慢分装置应可靠。液压机构操作后液压下降值应符合产品技术要求。

断路器弹簧机构：机构合闸后，应能可靠地保持在合闸位置。合闸弹簧储能完毕后，限位辅助开关应立即将电机电源切断。储能时间满足产品技术条件规定，并应小于重合闸充电时间。储能过程中，合闸控制回路应可靠断开。

断路器液压弹簧机构：液压弹簧机构各功能模块应无液压油渗漏。电机零表压储能时间、分合闸操作后储能时间符合产品技术要求，额定压力下，液压弹簧机构的24h

压力降应满足产品技术条件规定（安装单位提供报告）。检查液压弹簧机构各压力参数安全阀动作压力、油泵启动停止压力、重合闸闭锁报警压力、重合闸闭锁压力、合闸闭锁报警压力、合闸闭锁压力、分闸闭锁报警压力、分闸闭锁压力等应和产品技术条件相符。防失压慢分装置应可靠，投运时应将弹簧销插入闭锁装置。手动泄压阀动作应可靠，关闭严密。

机械特性试验要求：并联合闸脱扣器在合闸装置额定电源电压的85%～110%，应可靠动作；并联分闸脱扣器在分闸装置额定电源电压的65%～110%（直流）或85%～110%（交流），应可靠动作；当电源电压低于额定电压的30%时，脱扣器不应脱扣。试验结果应在规定范围内。

（2）验收要求

查阅交接试验报告，根据工程需要采取抽查方式对该试验进行现场试验见证，机械特性试验过程应符合要求；查阅设备安装调试记录，记录设备机械特性前静置时间是否满足要求。

2.2.3.7 GIS配电装置室安全配置

（1）验收要点

GIS配电装置室低位区应安装能报警的氧量仪和SF_6气体泄露报警仪，在工作人员入口处应装设显示器。室内应安装有足够的通风排气装置，且排气出风口应设置在室内底部，照明、报警和通风排气装置的电源空开，应布置于配电室外。

（2）验收要求

现场检查。

2.2.3.8 盆式绝缘子结构型式合理性

（1）验收要点

新投运GIS采用带金属法兰的盆式绝缘子时，应预留窗口用于特高频局部放电检测。采用此结构的盆式绝缘子可取消罐体对接处的跨接片，但生产厂家应提供型式试验依据。如需采用跨接片，户外GIS罐体上应有专用跨接部位，禁止通过法兰螺栓直连。

（2）验收要求

现场检查。

2.3 断路器交接验收

2.3.1 适用范围

本章节适用于35kV及以上断路器交接验收工作。

2.3.2 验收分工及验收内容

根据验收分工，断路器交接验收分为四个专业组开展。

2.3.2.1 一次专业组（表2-12）

表2-12 断路器一次专业验收标准表

序号	验收项目	验收标准	备注
1	外观检查	a）断路器外观清洁无污损，油漆完整。 b）断路器及构架、机构箱安装应牢靠，连接部位螺栓压接牢固，满足力矩要求。 c）一次接线端子无松动、无开裂、无变形，表面镀层无破损。 d）瓷套管、复合套管表面清洁，无裂纹、无损伤。	
2	铭牌	设备出厂铭牌齐全、参数正确。	
3	相色	相色标识清晰正确。	
4	封堵	所有电缆管（洞）口应封堵良好。	
5	机构箱	机构箱开合顺畅，密封胶条安装到位，应有效防止尘、雨、雪、动物的侵入。	
6	SF_6 密度继电器	a）户外安装的密度继电器应设置防雨罩。 b）SF_6 密度继电器与开关设备本体之间的连接方式应满足不拆卸校验密度继电器的要求。 c）截止阀、逆止阀能可靠工作，投运前均已处于正确位置，截止阀应有清晰的关闭、开启方向及位置标示。	
7	操动机构	a）操动机构固定牢靠。 b）断路器及其操动机构操作正常、无卡涩；储能标志，分、合闸标志及动作指示正确，便于观察。	详见2.3.3.1
8	均压环	均压环安装水平、牢固，且方向正确；安装在环境温度零度及以下地区的均压环，宜在均压环最低处打排水孔。	
9	接地	应保证有两根与主接地网不同地点连接的接地引下线。	
10	设备线夹及一次引线	a）线夹不应采用铜铝对接过渡线夹。 b）在可能出现冰冻的地区，线径为 $400mm^2$ 及以上的、压接孔向上 30°～90°的压接线夹，应打排水孔。	

2.3.2.2 二次专业组（表2-13）

表2-13 断路器二次专业验收标准表

序号	验收项目	验收标准	备注
1	机构箱	a）外观完整、无损伤、接地良好，箱门与箱体之间的接地连接软铜线（多股）截面不小于 $4mm^2$。 b）各空气开关、熔断器、接触器等元器件标示齐全正确。 c）机构箱内备用电缆芯应加有保护帽，二次线芯号头、电缆走向标示牌无缺失现象。 d）机构箱内二次回路的接地应符合规范，并设置专用的接地。	

（续表）

序号	验收项目	验收标准	备注
2	电流互感器	二次绕组绝缘电阻、直流电阻、组别和极性、误差测量、励磁曲线测量等应符合产品技术条件。	
3	辅助和控制回路试验	a）工频耐压试验：试验电压为2000V，持续时间为1min，试验结果应合格。 b）绝缘电阻测试：用1000V兆欧表进行绝缘试验，绝缘电阻应符合产品技术规定。	
4	防跳回路传动	就地、远方操作时，防跳回路均能可靠工作，在模拟手合于故障条件下断路器不会发生跳跃现象。	
5	非全相装置	三相非联动断路器缺相运行时，非全相装置能可靠动作，时间继电器经校验可靠动作；带有试验按钮的非全相保护继电器应有警示标志。	
6	加热驱潮、照明装置	a）机构箱、汇控柜内所有的加热元件应是非暴露型的；加热器、驱潮装置及控制元件的绝缘应良好，加热器与各元件、电缆及电线的距离应大于50mm，温湿度控制器等二次元件应采用阻燃材料，并取得3C认证项目检测报告。 b）加热驱潮装置能按照设定温湿度自动投入。 c）照明装置应工作正常。	
7	控制电缆	由断路器本体机构箱至就地端子箱之间的二次电缆的屏蔽层应在就地端子箱处可靠连接至等电位接地网的铜排上，在本体机构箱内不接地。	
8	控制回路	a）断路器分闸回路不应采用RC加速设计。 b）断路器机构分合闸控制回路不应串接整流模块、熔断器或电阻器。	

2.3.2.3　交接试验组（表2-14）

表2-14　断路器交接试验验收标准表

序号	验收项目	验收标准	备注
1	绝缘介质（SF_6气体）试验	SF_6气体必须经SF_6气体质量监督管理中心抽检合格，并出具检测报告后方可使用。对气瓶抽检率参照GB/T 12022—2014，对其他瓶只测定含水量。	
		纯度（质量分数）/10^{-2}≥99.8%（SF_6气体注入设备后进行）。	
		水含量（质量分数）/10^{-6}≤5。（20℃）	
		湿度露点（101325Pa）≤−49.7℃。（20℃）	
		酸度（以HF计）（质量分数）/10^{-6}≤0.2。	
		四氟化碳（质量分数）/10^{-6}≤100。	
		空气（质量分数）/10^{-6}≤300。	

（续表）

序号	验收项目	验收标准	备注
1	绝缘介质（SF_6 气体）试验	可水解氟化物（以 HF 计）（质量分数）$/10^{-6} \leqslant 1$。	
		矿物油（质量分数）$/10^{-6} \leqslant 4$。	
		生物试验无毒。	
		35kV～500kV 设备：SF_6 气体含水量的测定应在断路器充气 24h 后进行。750kV 设备在充气至额定压力 120h 后进行，且测量时环境相对湿度不大于 80%。 SF_6 气体含水量（20℃的体积分数）应符合下列规定：与灭弧室相通的气室，应小于 150μL/L；其他气室小于 250μL/L。	
2	密封试验（SF_6）	采用灵敏度不低于 1×10^{-6}（体积比）的检漏仪对断路器各密封部位、管道接头等处进行检测时，检漏仪不应报警；必要时可采用局部包扎法进行气体泄漏测量。以 24h 的漏气量换算，每一个气室年漏气率不应大于 0.5%（750kV 断路器设备相对年漏气率不应大于 0.5μL/L，参照 Q/GDW 1157 750kV 电力设备交接试验规程）；泄漏值的测量应在断路器充气 24h 后进行。	
3	SF_6 密度继电器及压力表校验	a）SF_6 气体密度继电器安装前应进行校验并合格，动作值应符合产品技术条件。 b）各类压力表（液压、空气）指示值的误差及其变差均应在产品相应等级的允许误差范围内。	
4	绝缘电阻测量	断路器整体绝缘电阻值测量，应参照制造厂规定。	
5	主回路电阻测量	采用电流不小于 100A 的直流压降法，测试结果应符合产品技术条件规定值；与出厂值进行对比，不得超过 120%出厂值。	
6	瓷套管、复合套管	使用 2500V 绝缘电阻表测量，绝缘电阻不应低于 1000MΩ。	
		复合套管应进行憎水性测试。	
		交流耐压试验可随断路器设备一起进行。	
7	交流耐压试验	真空断路器（35kV）： a）应在断路器合闸及分闸状态下进行交流耐压试验； b）当在合闸状态下进行时，试验电压应符合厂家出厂试验电压的 80%； c）当在分闸状态下进行时，真空灭弧室断口间的试验电压应按产品技术条件的规定执行，试验中不应发生贯穿性放电。	
		35kV～500kV SF_6 断路器： a）在 SF_6 气压为额定值时进行，试验电压为出厂试验电压的 80%，试验时间为 60s； b）110kV 以下电压等级应进行合闸对地和断口间耐压试验； c）罐式断路器应进行合闸对地和断口间耐压试验； d）500kV 定开距瓷柱式断路器只进行断口耐压试验。	

（续表）

序号	验收项目	验收标准	备注
7	交流耐压试验	750kV SF_6 断路器： （1）主回路交流耐压试验 a）试验前应用5000V绝缘电阻表测量每相导体对地绝缘电阻； b）充入额定压力的 SF_6 气体，需在其他各项交接试验项目完成并合格后进行，断路器应在合闸状态； c）试验电压值为出厂试验电压值的90%，试验电压频率在10Hz～300Hz； d）试验前可进行低电压下的老练试验，施加试验电压值和时间可与厂家协商确定（推荐方案见Q/GDW1157）。 （2）断口交流耐压试验 a）主回路交流耐压试验完成后应进行断口交流耐压试验； b）试验电压值为出厂试验电压值的90%，试验电压频率在10Hz～300Hz； c）试验时断路器断开，断口一端施加试验电压，另一端接地。	
8	罐式断路器局部放电量检测	罐式断路器可在耐压过程中进行局部放电检测工作。1.2倍额定相电压下局部放电量应满足设备厂家技术要求。	
9	断路器均压电容器的试验（绝缘电阻、电容量、介质损耗）	a）断路器均压电容器的极间绝缘电阻不应低于5000MΩ； b）断路器均压电容器的介质损耗角正切值应符合产品技术条件的规定； c）20℃时，电容值的偏差应在额定电容值的±5%范围内； d）罐式断路器的均压电容器试验可按制造厂的规定进行。	
10	断路器机械特性测试	a）应在断路器的额定操作电压、气压或液压下进行。 b）测量断路器主、辅触头的分、合闸时间，测量分、合闸的同期性，实测数值应符合产品技术条件的规定。 c）交接试验时应记录设备的机械特性行程曲线，并与出厂时的机械特性行程曲线进行对比，应在参考机械行程特性包络线范围内（DL/T 615—2013）； d）真空断路器合闸弹跳40.5kV以下不应大于2ms，40.5kV及以上不应大于3ms；分闸反弹幅度不应超过额定开距的20%。	
11	辅助开关与主触头时间配合试验	对断路器合一分时间及操动机构辅助开关的转换时间与断路器主触头动作时间之间的配合试验检查，对220kV及以上断路器，合分时间应符合产品技术条件中的要求，且满足电力系统安全稳定要求。	

（续表）

序号	验收项目	验收标准	备注
12	SF_6 断路器的分、合闸速度	应在断路器的额定操作电压、气压或液压下进行，实测数值应符合产品技术条件的规定（现场无条件安装采样装置的断路器，可不进行本试验）。	
13	断路器合闸电阻试验（如配置）	在断路器产品交接试验中，应对断路器主触头与合闸电阻触头的时间配合关系进行测试，有条件时应测量合闸电阻的阻值。合闸电阻的提前接入时间可参照制造厂规定执行，一般为8ms～11ms（参考值）。合闸电阻值与初值（出厂值）差应不超过±5%。	
14	断路器分合闸线圈电阻值	测量合闸线圈、分闸线圈直流电阻应合格，与出厂试验值的偏差不超过±5%。	
15	断路器分、合闸线圈的绝缘性能	使用1000V兆欧表进行测试，不应低于10MΩ。	
16	断路器机构操作电压试验	合闸操作： 弹簧、液压操动机构合闸装置在额定电源电压的85%～110%范围内，应可靠动作。	
		分闸操作： a）分闸装置在额定电源电压的65%～110%（直流）或85%～110%（交流），应可靠动作，当此电压小于额定值的30%时，不应分闸（Q/GDW 1168—2013）； b）附装失压脱扣器的，其动作特性应符合其出厂特性的规定； c）附装过流脱扣器的，其额定电流规定不小于2.5A，脱扣电流的等级范围及其准确度应符合相关标准。	
17	辅助和控制回路试验	采用2500V兆欧表进行绝缘试验，绝缘电阻大于10MΩ（国网电科〔2014〕315号《国家电网公司关于印发电网设备技术标准差异化统一条款意见的通知》）。	
18	电流互感器试验	二次绕组绝缘电阻、直流电阻、变比、极性、误差测量、励磁曲线测量等应符合产品技术条件。 二次绕组绝缘电阻测量时使用2500V绝缘电阻表，与出厂值对比无明显变化。	
19	开、合空载架空线路、空载变压器和并联电抗器的试验	开、合空载架空线路、空载变压器和并联电抗器的试验，是否开展可根据招标文件、技术规范书执行。操作顺序亦按技术规范书执行。	

2.3.2.4　变电运维组（表 2－15）

表 2－15　断路器变电运维验收标准表

序号	验收项目	验收标准	备注
1	订货合同、技术协议	资料齐全。	
2	安装使用说明书，图纸、维护手册等技术文件	资料齐全。	
3	重要材料和附件的工厂检验报告和出厂试验报告	资料齐全，数据合格。	
4	出厂试验报告	资料齐全，数据合格。	
5	安装检查及安装过程记录	记录齐全，数据合格。	
6	安装过程中设备缺陷通知单、设备缺陷处理记录	记录齐全。	
7	交接试验报告	项目齐全，数据合格。	
8	安装质量检验及评定报告	项目齐全，质量合格。	
9	备品、备件、专用工具及测试仪器清单	资料齐全。资料检查 □是 □否	

2.3.3　验收要点及条款要求

2.3.3.1　弹簧机构试验记录检查

（1）验收要点

储能机构检查：

a）弹簧机构储能接点能根据储能情况及断路器动作情况，可靠接通、断开，启动储能电机动作。

b）储能电机运行时应无异常、无异声。手动储能可以正常执行，手动储能与电动储能之间闭锁可靠。

c）储能电机具有储能超时、过流、热偶等保护元件，并能可靠动作，打压时间超过整定时间应符合产品技术要求。

d）合闸弹簧储能时间应满足制造厂要求，合闸操作后应在 20s 内完成储能，在 85％～110％的额定电压下应能正常储能。

弹簧机构检查：

a）弹簧机构应能可靠防止发生空合操作。

b）合闸弹簧储能完毕后，行程开关应能立即将电动机电源切除，合闸完毕，行程开关应将电动机电源接通，机构储能超时应上传报警信号。

弹簧机构其他验收项目：

a）传动链条无锈蚀、机构各转动部分应涂以适合当地气候条件的润滑脂。

b）缓冲器无渗漏油。

（2）验收要求

查阅设备调试记录和断路器交接试验报告，现场抽取1台断路器检查其储能机构与弹簧机构，应能可靠动作，符合各项验收要求。

2.3.3.2 液压机构试验记录检查

（1）验收要点

液压机构检查：

a）液压油标号选择正确，适合设备运行地域环境要求。油位满足设备厂家要求。

b）液压机构连接管路应清洁、无渗漏，压力表计指示正常。

c）油泵运转无异常，欠压时能可靠启动，压力建立时间符合要求。

d）液压系统油压不足时，机械、电气防止慢分慢合装置应可靠工作。

e）液压机构电动机或油泵应能满足60s内从重合闸闭锁油压打压到额定油压和5min内从零压充到额定压力的要求，机构打压超时应报警。

f）液压回路压力不足时能按设定值可靠报警或闭锁断路器操作，并上传信号。

g）液压机构24h内保压试验无异常，启动打压操作次数满足产品设计要求。

液压机构储能装置检查：

a）预充氮气压力应依据制造厂规定。

b）储压筒应有足够的容量，在降压至闭锁压力前应能进行“分—0.3s—合分”或“合分—3min—合分”的操作。对设有漏氮报警装置的储压器，检查漏氮报警装置功能是否可靠。

c）液压弹簧机构应根据碟簧不同的压缩量，可靠上传报警信号或完成断路器各类操作闭锁。

d）外部液压源操作压力范围应符合要求，除厂家另有规定，否则操作压力的上下限范围分别为额定压力的110%和85%。

（2）验收要求

查阅设备调试记录和断路器交接试验报告，试验应满足产品设计要求，现场抽取1台断路器检查液压机构和液压机构储能装置，检查各项功能应符合验收要求。

2.3.3.3 并联电容器试验

（1）验收要点

断路器并联电容器的极间绝缘电阻不应低于500MΩ。

断路器并联电容器的介质损耗角正切值应符合产品技术条件的规定。

电容值的偏差应在额定电容值的±5%范围内。

（2）验收要求

查看出厂试验报告、交接试验报告，并进行比较，根据工程需要采取抽查方式对该试验进行现场试验见证或复测，试验过程和结果应符合要求。

2.3.3.4 检漏（密封）试验

（1）验收要点

泄漏值的测量应在断路器充气24h后进行。采用灵敏度不低于1×10^{-6}（体积比）

的检漏仪对断路器各密封部位、管道接头等处进行检测时，检漏仪不应报警；必要时可采用局部包扎法进行气体泄漏测量。以24h的漏气量换算，每一个气室年漏气率不应大于0.5%（750kV断路器设备相对年漏气率不应大于0.5μL/L，Q/GDW1157 750kV电力设备交接试验规程）。

（2）验收要求

查阅资料及断路器交接试验报告，内容应齐全、准确，根据工程需要进行现场见证或抽测，试验安排及试验结果应符合标准要求。

2.3.3.5　合闸电阻试验

（1）验收要点

a）断路器与合闸电阻触头时间配合测试，合闸电阻的提前接入时间应参照制造厂规定执行。

b）合闸电阻值与出厂值相比应不超过±5%。

c）分、合闸线圈电阻检测，检测结果应符合设备技术文件要求，没有明确要求时，以线圈电阻初值差不超过±5%作为判断依据。

d）断路器交接试验及例行试验中，应进行行程曲线测试，并同时测量分/合闸线圈电流波形。

（2）验收要求

查看设备调试记录和交接试验报告，根据工程需要采取抽查方式对该试验进行现场试验见证或复测，试验过程结果应符合要求。

2.3.3.6　机械特性试验

（1）验收要点

a）机构速度特性、分合闸时间、分合闸同期性均应符合产品技术条件要求。

b）出厂试验时应记录设备的机械特性行程曲线，并与参考的机械特性行程曲线（GB 1984—2014 10.2.102.2.6）进行对比，两者应一致。

c）真空断路器合闸弹跳40.5kV以下不应大于2ms，40.5kV及以上不应大于3ms；分闸反弹幅度不应超过额定开距的20%。

d）对断路器主断口及合闸电阻断口的配合关系进行测试。合闸电阻的提前接入时间可参照制造厂规定执行，一般为8ms～11ms。

e）合闸装置在额定电源电压的85%～110%，应可靠动作。

f）分闸装置在额定电源电压的65%～110%（直流）或85%～110%（交流），应可靠动作。

g）当电源电压低于额定电压的30%时，分闸装置不应脱扣。

（2）验收要求

现场检查或查阅现场安装调试记录，试验结果应符合要求。

2.3.3.7　密度继电器检查

（1）验收要点

SF_6密度继电器与开关设备本体之间的连接方式应满足不拆卸校验密度继电器的要

求；密度继电器应装设在与断路器本体同一运行环境的位置；断路器 SF_6 气体补气口位置应尽量满足带电补气要求；具有远传功能的密度继电器，就地指示压力值应与监控后台一致；户外安装的密度继电器应设置防雨罩，其应能将表计、控制电缆二次端子一起放入，密度继电器安装位置便于观察巡视。

报警、闭锁压力值应按制造厂规定整定，并能可靠上传信号及完成闭锁断路器操作。

截止阀、逆止阀能可靠工作，投运前均已处于正确位置。

（2）验收要求

采取抽查方式对密度继电器进行现场查验，连接方式应满足不拆卸校验密度继电器的要求；报警、闭锁压力值能可靠上传信号及完成闭锁断路器操作；截止阀、逆止阀能可靠工作，投运前均已处于正确位置。

2.4 隔离开关交接验收

2.4.1 适用范围

本章节适用于35kV及以上隔离开关交接验收工作。

2.4.2 验收分工及验收内容

根据验收分工，隔离开关交接验收分为四个专业组开展。

2.4.2.1 一次专业组（表2-16）

表2-16 隔离开关一次专业验收标准表

序号	验收项目	验收标准	备注
1	外观检查	a）隔离开关外观清洁无污损，油漆完整、无色差。 b）瓷套表面清洁，无损伤、放电痕迹，法兰无开裂现象，均压环无变形。 c）一次端子接线板无开裂、无变形，表面镀层无破损。	
2	机构箱	a）机构箱箱门开合顺畅，密封胶条安装到位，顶部应设防雨檐，顶盖采用双层隔热布置。 b）铭牌符合标准要求，外壳表面宜选亚光不锈钢、铸铝或具有防腐措施的材料，厚度大于2mm。	
3	操动机构	a）传动部位润滑良好、传动平稳，操动机构各转动部件灵活、无卡涩现象。 b）手动、电动操作无异常；手动操作闭锁电动操作正确。	
4	导电回路	隔离开关主触头镀银层厚度应不小于20μm，硬度不小于120HV。	

（续表）

序号	验收项目	验收标准	备注
5	接地	a）隔离开关、接地开关底座上应装设不小于M12的接地螺栓。 b）接地接触面应平整、光洁、并涂上防锈油，连接截面应满足动、热稳定要求。 c）螺栓紧固按标准使用力矩扳手，并做紧固标记，接地位置应标以接地符号。 d）接地开关可动部件与其底座之间的铜质软连接的截面积应不小于50mm^2。	
6	联锁装置	隔离开关与其所配的接地开关间有可靠的机械闭锁和电气闭锁措施。	

2.4.2.2　二次专业组（表2－17）

表2－17　隔离开关二次专业验收标准表

序号	验收项目	验收标准	备注
1	机构箱	a）外观完整、无损伤、接地良好，箱门与箱体之间接地连接铜线截面积不小于4mm^2。 b）机构箱内侧附有机构二次原理图。 c）底面及引出、引入线孔和吊装孔，封堵严密可靠。	
2	二次接线端子	二次引线连接紧固、可靠，内部清洁；电缆备用芯戴绝缘帽。	
3	二次元件	a）机构箱内二次元件排列整齐、固定牢固，并贴有清晰的中文名称标识。 b）同一间隔内的多台隔离开关的电机电源，在端子箱内应分别设置独立的电源开关。 c）各空气开关、熔断器、接触器等元器件标示齐全正确。 d）机构箱内交、直流电源应有绝缘隔离措施。	
4	加热、驱潮装置	机构箱内所有的加热元件应是非暴露型的；加热器、驱潮装置及控制元件的绝缘应良好，加热器与各元件、电缆及电线的距离应大于50mm；加热驱潮装置能按照设定温湿度自动投入，照明装置应工作正常。	
5	电气闭锁	具有电动操动机构隔离开关与本间隔断路器之间应有可靠的电气闭锁。	

2.4.2.3　交接试验组（表2－18）

表2－18　隔离开关交接试验验收标准表

序号	验收项目	验收标准	备注
1	校核动、静触头开距	在额定、最低（85％Un）和最高（110％Un）操作电压下进行3次空载合、分试验，并测量分合闸时间，检查闭锁装置的性能和分合位置指示的正确性。	详见2.4.3.1

（续表）

序号	验收项目	验收标准	备注
2	导电回路电阻值测量	a）采用电流不小于100A的直流压降法。 b）测试结果不应大于出厂值的1.2倍。 c）导电回路应对含接线端子的导电回路进行测量。 d）有条件时测量触头夹紧压力。	
3	瓷套、复合绝缘子	a）使用2500V绝缘电阻表测量，绝缘电阻不应低于1000MΩ。 b）复合绝缘子应进行憎水性测试。 c）交流耐压试验可随断路器设备一起进行试验。	
4	控制及辅助回路的工频耐压试验	隔离开关（接地开关）操动机构辅助和控制回路绝缘交接试验应采用2500V兆欧表，绝缘电阻应大于10MΩ。	
5	测量绝缘电阻	整体绝缘电阻值测量，应参照制造厂规定。	
6	瓷柱探伤试验	a）隔离开关、接地开关绝缘子应在设备安装完好并完成所有的连接后逐个进行超声探伤检测。 b）逐个进行绝缘子超声波探伤，探伤结果应合格。	详见2.4.3.2

2.4.2.4 变电运维组（表2-19）

表2-19 隔离开关变电运维验收标准表

序号	验收项目	验收标准	备注
1	订货合同、技术协议	资料齐全。	
2	安装使用说明书，竣工图纸、维护手册等技术文件	资料齐全。	
3	重要材料和附件的工厂检验报告和出厂试验报告	资料齐全，数据合格。	
4	整体出厂试验报告	资料齐全，数据合格。	
5	安装检查及安装过程记录	记录齐全，数据合格。	
6	安装过程中设备缺陷通知单、设备缺陷处理记录	记录齐全。	
7	交接试验报告	项目齐全，数据合格。	
8	变电工程投运前电气安装调试质量监督检查报告	项目齐全，质量合格。	

2.4.3 验收要点及条款要求

2.4.3.1 校核动、静触头开距

（1）验收要点

联闭锁可靠性调试。

（2）验收要求

隔离开关处于合闸位置时，接地开关不能合闸；接地开关处于合闸位置时，隔离

开关不能合闸；手动操作时应闭锁电动操作；成套高压开关设备（含备用间隔）应具有机械联锁或电气闭锁；断路器、隔离开关和接地开关电气闭锁回路应直接使用断路器、隔离开关、接地开关的辅助触点，严禁使用重动继电器。

2.4.3.2 绝缘子验收

（1）验收要点

釉面应均匀、光滑，颜色均匀；瓷件不应有生烧、过火和氧化起泡现象；表面不允许有裂纹；瓷件与法兰结合部位涂抹防水密封胶等。绝缘子上、下金属附件应热镀锌，热镀锌层应厚度均匀、表面光滑且镀锌层厚度不小于 90μm。绝缘子与法兰胶装部分应采用喷砂工艺。胶装处胶合剂外露表面应平整，无水泥残渣及露缝等缺陷，胶装后露砂高度为 10mm～20mm，不应小于 10mm，胶装处应均匀涂以防水密封胶。

（2）验收要求

现场检查或现场抽查绝缘子各参数是否满足要求。

2.4.3.3 绝缘子超声波探伤

（1）验收要点

应在安装金属附件前，逐个进行支柱绝缘子超声波探伤检查，试验方法和程序符合 JB/T 9674—1999《超声波探测瓷件内部缺陷》要求。

（2）验收要求

逐个进行超声波探伤检查。超声波试验用于探测圆柱形支柱绝缘子的内部缺陷或裂纹。超声波的频率为 0.8MHz～5MHz。试验应在安装金属附件前进行，超声波探测方向沿绝缘子轴线。试验过程结果应符合要求。

2.4.3.4 隔离开关操作性能验收

（1）验收要点

操动机构、传动装置、辅助开关及闭锁装置应安装牢固、动作灵活可靠、位置指示正确，各元件功能标志正确，引线固定牢固，设备线夹应有排水孔；三相联动的隔离开关、接地开关触头接触时，同期数值应符合产品技术文件要求，最大值不得超过 20mm；相间距离及分闸时触头打开角度和距离，应符合产品技术文件要求；触头接触应紧密良好，接触尺寸应符合产品技术文件要求。导电接触检查可用 0.05mm×10mm 的塞尺进行检查。对于线接触，应塞不进去。对于面接触，其塞入深度：在接触表面宽度为 50mm 及以下时，深度不应超过 4mm；在接触表面宽度为 60mm 及以上时，深度不应超过 6mm。

（2）验收要求

现场检查或现场抽查隔离开关各参数是否满足要求。

2.5 开关柜交接验收

2.5.1 适用范围

本章节适用于 10kV 及以上开关柜交接验收工作。

2.5.2 验收分工及验收内容

根据验收分工，开关柜交接验收分为四个专业组开展。

2.5.2.1 一次专业组（表 2－20）

表 2－20 开关柜一次专业验收标准表

序号	验收项目	验收标准	备注
1	外观检查	a）柜体平整，表面干净无脱漆、无锈蚀。 b）柜体柜门密封良好，接地可靠，观察窗完好，标志正确、完整。 c）设备出厂铭牌齐全、参数正确。	详见 2.5.3.4
2	断路器室	a）触头、触指表面均匀涂抹薄层凡士林。 b）断路器手车工作位置插入深度符合要求。 c）活门开启关闭顺畅、无卡涩，并涂抹二硫化钼锂基脂，活门机构应选用可独立锁止的结构。	
3	电缆室	a）一、二次电缆引出孔洞封堵良好，堵料应与基础黏接牢固。 b）电缆终端接线端子应使用双孔，相间禁止交叉。	
4	穿柜套管	a）穿柜套管的固定隔板应使用非导磁材料，柜体铁板应开缝，防止形成闭合磁路。 b）35kV 穿柜套管、触头盒应带有内外屏蔽结构（内部浇注屏蔽网）均匀电场，不得采用无屏蔽或内壁涂半导体漆屏蔽产品。屏蔽引出线应使用复合绝缘外套包封。	
5	绝缘护套	母线及引线热缩护套颜色应与相序标志一致。	
6	等电位连线	穿柜套管、穿柜 CT、触头盒、传感器支瓶等部件的等电位连线应与母线及部件内壁可靠固定。	
7	操作	a）手车开关，摇进摇出顺畅到位，无卡涩，二次切换位置正常。 b）接地刀闸分合顺畅无卡涩，接地良好，二次位置切换正常。	
8	闭锁逻辑	开关柜闭锁逻辑应至少满足“五防”要求。	详见 2.5.3.5
9	一次接线方式	避雷器、电压互感器等柜内设备经隔离开关（隔离手车）与母线相连，严禁与母线直接连接。开关柜的母线室、断路器室、电缆室相互独立。	
10	投切电容器断路器	a）投切电容器组断路器应选用 C2 级断路器。 b）对于电容器组电流大于 400A 的电容器回路，开关柜一般配置 SF_6 断路器。	
11	配电室	在开关柜的配电室内应配置通风、空调、除湿机等除湿防潮设备和温湿度计，空调出风口不得朝向柜体，防止凝露导致绝缘事故。	

（续表）

序号	验收项目	验收标准	备注
12	SF_6 气体	SF_6 气体必须经 SF_6 气体质量监督管理中心抽检合格，并出具检测报告后方可使用，抽检比例依据 GB/T12022 最新版本进行。	
13	密度继电器（SF_6 充气柜）	密度继电器与开关柜本体之间的连接方式应满足不拆卸校验的要求。	
14	空气绝缘净距离	空气绝缘净距离：12kV≥125mm，24kV≥180mm，40.5kV≥300mm。	
15	开关柜观察窗	高压开关柜的观察窗应使用机械强度与外壳相当的内有接地屏蔽网的钢化玻璃遮板。	
16	泄压通道	泄压通道采用单边尼龙螺栓固定或采用其他可靠结构（提供型式试验报告）。	
17	镀银层	开关柜内隔离开关触头、断路器小车触头镀层质量检测，被检测隔离开关/开关柜内触头表面应镀银且镀银层厚度应不小于 8μm，硬度不小于 120 韦氏。	
18	紧急脱扣	断路器手车在运行位置，且开关柜门不打开的情况下，在柜门上应有断路器紧急分闸按钮，且紧急分闸按钮应有防误动措施。	
19	图纸	开关柜柜门上应附断路器二次回路原理图。	

2.5.2.2 二次专业组（表 2-21）

表 2-21 开关柜二次专业验收标准表

序号	验收项目	验收标准	备注
1	二次线	柜内各二次线束应采用阻燃绝缘护套并绑扎牢固，宜使用牢固的金属扎线或金属扎带固定二次线束。	
2	端子排	端子排无异物，接线正确、布局美观，无异物附着，端子排及接线标志清晰。	
3	空开	检查空气开关位置正确，接线美观，标识正确清晰。空气开关不得交、直流混用，保护范围应与其上、下级配合。	
4	标志	继保二次小室二次接线回路标号清晰正确，保护跳闸压板连接片开口朝上。	
5	互感器	互感器二次接线正确，二次线束应采用阻燃绝缘护套并绑扎牢固，走向清晰正确，与一次部分绝缘距离满足要求。	

（续表）

序号	验收项目	验收标准	备注
6	接地	开关柜二次接地排应用带透明外套的铜接地线接入地网。	
7	加热、除湿装置	驱潮、加热装置安装完好，工作正常。加热、驱潮装置应保证长期运行时不对箱内邻近设备、二次线缆造成热损伤，邻近设备与二次电缆距离应大于50mm，其二次电缆应选用阻燃电缆。	
8	电缆沟	电缆沟需做好防水、防火、防小动物处理。	

2.5.2.3 交接试验组（表2-22）

表2-22 开关柜交接试验验收标准表

序号	验收项目	验收标准	备注
1	断路器试验验收	a）绝缘电阻试验。 b）每相导电回路电阻试验。 c）交流耐压试验。 d）机械特性试验。 e）分、合闸线圈及合闸接触器线圈的绝缘电阻和直流电阻。 f）操动机构的试验。	详见2.5.3.1
2	开关柜整体试验验收	a）交流耐压试验。 b）开关柜主回路电阻试验。	详见2.5.3.2
3	SF_6充气柜特殊验收	a）SF_6气体试验。 b）密封性试验。	详见2.5.3.3

2.5.2.4 变电运维组（表2-23）

表2-23 开关柜变电运维验收标准表

序号	验收项目	验收标准	备注
1	订货合同、技术协议	资料齐全。	
2	安装使用说明书，图纸、维护手册等技术文件	资料齐全。	详见2.5.3.6
3	重要材料和附件的工厂检验报告和出厂试验报告	资料齐全，数据合格。	
4	内部燃弧试验报告	资料齐全，数据合格。	
5	整体出厂试验报告	资料齐全，数据合格。	
6	安装检查及安装过程记录	记录齐全，数据合格。	
7	安装过程中设备缺陷通知单、设备缺陷处理记录	记录齐全。	

（续表）

序号	验收项目	验收标准	备注
8	交接试验报告	项目齐全，数据合格。	
9	变电工程投运前电气安装调试质量监督检查报告	项目齐全，质量合格。	
10	变更设计的证明文件	资料齐全。	
11	备品、备件及专用工具清单	资料齐全。	
12	设备装箱清单、图纸	资料齐全。	

2.5.3 验收要点及条款要求

2.5.3.1 断路器试验验收

2.5.3.1.1 断路器绝缘试验验收

（1）验收要点

断路器绝缘电阻数值应满足产品技术条件规定。导电回路电阻试验采用电流不小于100A的直流压降法，测量值不大于厂家规定值，并与出厂值进行对比，不得超过出厂值的120%。

断路器交流耐压试验应在断路器合闸及分闸状态下进行交流耐压试验，试验中不应发生贯穿性放电。真空断路器：当在合闸状态下进行试验时，试验电压应符合GB 50150的规定；当在分闸状态下进行试验时，断口间的试验电压应按产品技术条件的规定。SF_6断路器：在SF_6气压为额定值时进行试验，试验电压按出厂试验电压的100%。

（2）验收要求

记录是否满足要求，如果不满足，须记录不满足的条款和参数。

2.5.3.1.2 断路器机械特性试验

（1）验收要点

测量分合闸速度、分合闸时间、分合闸的同期性，实测数值应符合产品技术条件的规定。

现场无条件安装采样装置的断路器，可不进行分合闸速度试验。

12kV真空断路器合闸弹跳时间不应大于2ms；24kV真空断路器合闸弹跳时间不应大于2ms；40.5kV真空断路器合闸弹跳时间不应大于3ms。

在机械特性试验中同步记录触头行程曲线，并确保其在规定的范围内。分闸反弹幅值应小于断口间距的20%。

（2）验收要求

记录是否满足要求，如果不满足，须记录不满足的条款和参数。

2.5.3.1.3 断路器分、合闸线圈及合闸接触器线圈的绝缘电阻和直流电阻

（1）验收要点

绝缘电阻值不应小于10MΩ。直流电阻值与产品出厂试验值相比应无明显差别。

（2）验收要求

记录是否满足要求，如果不满足，须记录不满足的条款和参数。

2.5.3.1.4　断路器操动机构的试验

（1）验收要点

合闸装置在额定电源电压的85%～110%，应可靠动作。分闸装置在额定电源电压的65%～110%（直流）或85%～110%（交流），应可靠动作。当电源电压低于额定电压的30%时，分闸装置不应脱扣。

（2）验收要求

记录是否满足要求，如果不满足，须记录不满足的条款和参数。

2.5.3.2　开关柜整体试验验收

2.5.3.2.1　开关柜整体交流耐压试验

（1）验收要点

交流耐压试验过程中不应发生贯穿性放电。

（2）验收要求

记录是否满足要求，如果不满足，须记录不满足的条款和参数。

2.5.3.2.2　开关柜主回路电阻试验

（1）验收要点

宜带母线主回路测试，满足制造厂技术规范要求。

（2）验收要求

记录是否满足要求，如果不满足，须记录不满足的条款和参数。

2.5.3.3　SF_6 充气柜特殊验收

2.5.3.3.1　SF_6 气体试验

（1）验收要点

SF_6 气体必须经 SF_6 气体质量监督管理中心抽检合格，并出具检测报告后方可使用，抽检比例依据GB/T12022最新版本的要求；SF_6 气体注入设备前后必须进行湿度试验，且应对设备内气体进行 SF_6 纯度检测，必要时进行气体成分分析。

（2）验收要求

结果符合标准要求。如果不满足，须记录不满足的条款和参数。

2.5.3.3.2　密封性试验

（1）验收要点

采用检漏仪对气室密封部位、管道接头等处进行检测时，检漏仪不应报警；每一个气室年漏气率不应大于0.5%。

（2）验收要求

结果符合标准要求。如果不满足，须记录不满足的条款和参数。

2.5.3.4　开关柜本体验收

（1）验收要点

开关柜垂直偏差：＜1.5mm/M。开关柜水平偏差：相邻柜顶＜2mm，成列柜顶＜

2mm。开关柜面偏差：相邻柜边＜1mm，成列柜面＜1mm，开关柜柜间接缝＜2mm。采用截面积不小于240mm^{2}铜排可靠接地；开关柜等电位接地线连接牢固；检查穿柜套管外观完好；穿柜套管固定牢固，紧固力矩符合厂家技术标准要求；穿柜套管内等电位线完好、固定牢固；检查穿柜套管表面光滑，端部尖角经过倒角处理；新、扩建开关柜的接地母线，应有两处与接地网可靠连接点；开关柜二次接地排应用带透明外套的铜接地线接入地网；开关柜间对桥及电容器出线桥应用吊架吊起支撑；额定电流2500A及以上金属封闭高压开关柜应装设带防护罩、风道布局合理的强排通风装置、进风口应有防尘网；风机启动值应按照厂家要求设置合理。

（2）验收要求

现场检查测量、查阅交接报告。

2.5.3.5 开关柜闭锁逻辑验收

（1）验收要点

开关柜闭锁逻辑应至少满足以下要求：

1）手车在工作位置/中间位置，接地刀闸不能合闸，机械闭锁可靠。

2）手车在中间位置，断路器不能合闸，电气及机械闭锁可靠。

3）断路器在合位，手车不能摇进/摇出，机械闭锁可靠。

4）接地刀闸在合位，手车不能摇进，机械闭锁可靠。

5）接地刀闸在分位，后柜门不能开启，机械闭锁可靠。

6）带电显示装置指示有电时/模拟带电时，接地刀闸不能合闸，电气及机械闭锁可靠。

7）带电显示装置指示有电时/模拟带电时，若无接地刀闸，直接闭锁开关柜后柜门，电气闭锁可靠。

8）后柜门未关闭，接地刀闸不能分闸，机械闭锁可靠。

9）断路器在工作位置，航空插头不能拔下，机械闭锁可靠。

10）主变隔离柜/母联隔离柜的手车在试验位置时，主变进线柜/母联开关柜的手车不能摇进工作位置，电气闭锁可靠。

11）主变进线柜/母联开关柜的手车在工作位置时，主变隔离柜/母联隔离柜的手车不能摇出试验位置，电气闭锁可靠。

12）SF_6充气柜内逻辑闭锁检查符合产品设计及技术要求。

（2）验收要求

现场检查操作无异常。

2.5.3.6 出厂图纸及技术资料验收

（1）验收要点

出厂图纸清单：

1）外形尺寸图。

2）附件外形尺寸图。

3）开关柜排列安装图。

4）母线安装图。

5）二次回路接线图。

6）断路器二次回路原理图。

出厂资料清单：

1）开关柜出厂试验报告。

2）开关柜型式试验和特殊试验报告（含内部燃弧试验报告）。

3）断路器出厂试验及型式试验报告。

4）电流互感器、电压互感器出厂试验报告。

5）避雷器出厂试验报告。

6）接地刀闸出厂试验报告。

7）三工位刀闸出厂试验报告。

8）主要材料检验报告：绝缘件检验报告；导体镀银层试验报告；绝缘纸板等检验报告。

9）断路器安装使用说明书。

10）开关柜安装使用说明书。

11）用于投切电容器的断路器应有大电流老练试验报告。

（2）验收要求

按清单验收。

2.6 电流互感器交接验收

2.6.1 适用范围

本章节适用于35kV及以上电流互感器交接验收工作。

2.6.2 验收分工及验收内容

根据验收分工，电流互感器交接验收分为四个专业组开展。

2.6.2.1 一次专业组（表2-24）

表2-24 电流互感器一次专业验收标准表

序号	验收项目	验收标准	备注
1	渗漏油（油浸式）	瓷套、底座、阀门和法兰等部位应无渗漏油现象。	
2	油位（油浸式）	金属膨胀器视窗位置指示清晰，无渗漏，油位在规定的范围内，不宜过高或过低，绝缘油无变色。	
3	金属膨胀器固定装置（油浸式）	金属膨胀器固定装置已拆除。	

（续表）

序号	验收项目	验收标准	备注
4	密度继电器（气体绝缘）	a）压力正常，标识明显、清晰。 b）校验合格，报警值（接点）正常。 c）密度继电器应设有防雨罩。 d）密度继电器满足不拆卸校验要求，表计朝向巡视通道。	
5	SF_6 逆止阀（气体绝缘）	无泄露、本体额定气压值（20℃）指示无异常。	
6	防爆膜（气体绝缘）	防爆膜完好，防雨罩无破损。	
7	外观检查	a）外观无明显污渍、无锈迹，油漆无剥落、无褪色，并达到防污要求。 b）复合绝缘干式电流互感器表面无损伤、无裂纹，油漆应完整。 c）电流互感器膨胀器保护罩顶部应为防积水的凸面设计，能够有效防止雨水聚集。	
8	瓷套或硅橡胶套管	a）瓷套不存在缺损、脱釉、落砂等问题，法兰胶装部位涂有合格的防水胶。 b）硅橡胶套管不存在龟裂、起泡和脱落。	
9	均压环	均压环安装水平、牢固，且方向正确，安装在环境温度零度及以下地区的均压环，宜在均压环最低处打排水孔。	
10	接地	a）应保证有两根与主接地网不同地点连接的接地引下线。 b）电容型绝缘的电流互感器，其一次绕组末屏的引出端子、铁心引出接地端子应接地牢固可靠。 c）互感器的外壳接地牢固可靠。二次线穿管端部应封堵良好，上端与设备的底座和金属外壳良好焊接，下端就近与主接地网良好焊接。	
11	整体安装	三相并列安装的互感器中心线应在同一直线上，同一组互感器的极性方向应与设计图纸相符；基础螺栓应紧固。	
12	出线端及各附件连接部位	连接牢固可靠，并有螺栓防松措施。	
13	设备线夹及一次引线	a）线夹不应采用铜铝对接过渡线夹。 在可能出现冰冻的地区，线径为 $400mm^2$ 及以上的、压接孔向上 30°～90°的压接线夹，应打排水孔。 b）引线无散股、扭曲、断股现象。引线对地和相间符合电气安全距离要求，引线松紧适当，无明显过松过紧现象，导线的弧垂需满足设计规范的要求。	
14	螺栓、螺母检查	设备固定和导电部位使用 8.8 级及以上热镀锌螺栓。	
15	相色标志	相色标志正确，零电位进行标志。	
16	设备名称标识牌	设备标识牌齐全，正确。	

2.6.2.2　二次专业组（表 2－25）

表 2－25　电流互感器二次专业验收标准表

序号	验收项目	验收标准	备注
1	二次端子接线	二次端子的接线牢固，并有防松功能，装蝶型垫片及防松螺母。 二次端子不应开路，单点接地。 暂时不用的二次端子应短路接地。	
2	二次端子标识	二次端子标识明晰。	
3	电缆的防水性能	电缆加装固定头；如没有，则应由内向外将电缆孔洞封堵。	
4	二次接线盒	a）符合防尘、防水要求，内部整洁。 b）接地、封堵良好。 c）备用的二次绕组应短接并接地。 d）二次电缆备用芯应该使用绝缘帽，并用绝缘材料进行绑扎。	
5	变比	一次绕组串并联端子与二次绕组抽头应符合运行要求。	

2.6.2.3　交接试验组（表 2－26）

表 2－26　电流互感器交接试验验收标准表

序号	验收项目	验收标准	备注
1	绝缘油试验	a）色谱试验。 b）注入设备的新油击穿电压。 c）水分。 d）介质损耗因数 tanδ。	详见 2.6.3.5
2	SF_6 气体含水量、纯度、气体成分测量	a）SF_6 气体含水量≤250uL/L。 b）纯度≥99.9%。 c）气体成分符合 GB/T 12022—2014 要求。	详见 2.6.3.6
3	绕组的绝缘电阻	选用 2500V 兆欧表进行绕组的绝缘电阻测量。 a）绕组：不宜低于 1000MΩ。 b）末屏对地（电容型）：不宜低于 1000MΩ。	
4	35kV 及以上电压等级的介质损耗角正切值 tanδ	a）油浸式电流互感器：20kV～35kV 不大于 2.5%；66kV～110kV 不大于 0.8%；220kV 不大于 0.6%；330kV～750kV 不大于 0.5%。 b）充硅胶及其他干式电流互感器不大于 0.5%（20℃）。	
5	老练试验（SF_6 绝缘）	老练试验后应进行工频耐压试验。老练试验结果应合格。	
6	交流耐压试验	a）按出厂试验电压值的 80%进行，时间为 60s，试验合格。 b）二次绕组之间及其对外壳的工频耐压试验标准应为 2kV、1min。 c）电压等级 110kV 及以上电流互感器末屏的工频耐压试验标准应为 3kV、1min。	详见 2.6.3.1

（续表）

序号	验收项目	验收标准	备注
7	绕组直流电阻	与出厂值比较没有明显增加，且相间相比应无明显差异。同型号、同规格、同批次电流互感器一、二次绕组的直流电阻值和平均值的差异≤10%。	详见2.6.3.2
8	变比、误差测量	a）用于关口计量的互感器应进行误差测量。 b）用于非关口计量的互感器35kV及以上的互感器，宜进行误差测量。 c）用于非关口计量的35kV及以下的互感器，检查互感器变比，应与制造厂铭牌相符。	
9	SF_6气体压力表和密度继电器检验	符合技术要求。	详见2.6.3.4
10	密封性能检查	a）油浸式互感器外表应无可见油渍现象。 b）SF_6气体绝缘互感器定性检漏无泄露点，有怀疑时应进行定量检漏，年泄漏率应小于0.5%。	
11	极性检测	减极性。	
12	励磁特性曲线测量	与同类型互感器特性曲线或制造厂提供的特性曲线相比较，应无明显差别。	详见2.6.3.3
13	试验数据的分析	试验数据应通过显著性差异分析法和横比分析法进行分析，并提出意见。	

2.6.2.4 变电运维组（表2-27）

表2-27 电流互感器变电运行专业验收标准表

序号	验收项目	验收标准	备注
1	订货合同、技术协议	资料齐全。	
2	安装使用说明书，图纸、维护手册等技术文件	资料齐全。	
3	重要附件的工厂检验报告和出厂试验报告	资料齐全，数据合格。	
4	出厂试验报告	资料齐全，数据合格。	
5	工厂监造报告	资料齐全。	
6	三维冲撞记录仪记录纸和押运记录	记录齐全，数据合格。	
7	安装检查及安装过程记录	记录齐全，符合安装工艺要求。	
8	安装过程中设备缺陷通知单、设备缺陷处理记录	记录齐全。	

（续表）

序号	验收项目	验收标准	备注
9	交接试验报告	项目齐全，数据合格。	
10	变电工程投运前电气安装调试质量监督检查报告	资料齐全。	
11	专用工器具、备品备件	按清单进行清点验收。	

2.6.3 验收要点及条款要求

2.6.3.1 交流耐压试验验收

（1）验收要点

气体绝缘电流互感器安装后应进行现场老练试验，老练试验后进行耐压试验，试验电压为出厂试验值的80%。

110（66）kV及以上电压等级的油浸式电流互感器，应逐台进行交流耐压试验，试验前后应进行油中溶解气体对比分析。油浸式设备在交流耐压试验前要保证静置时间：110（66）kV互感器不少于24h；220kV～330kV互感器不少于48h；500kV互感器不少于72h；1000kV设备静置时间不小于168h。

按出厂试验电压值的80%进行试验，持续时间为60s；二次绕组之间及其对外壳的工频耐压试验标准应为2kV，持续时间为1min；110kV及以上电流互感器末屏的工频耐压试验标准应为3kV，持续时间为1min。

（2）验收要求

查阅交接试验报告，根据工程需要采取抽查方式对该试验进行现场试验见证，交流耐压试验过程应符合要求；查阅设备安装调试记录，记录设备交流耐压试验和设备交流耐压试验前静置时间是否满足要求，试验电压值及持续时间是否满足验收要求。

2.6.3.2 绕组

（1）验收要点

同型号、同规格、同批次电流互感器绕组的直流电阻和平均值的差异不宜大于10%，一次绕组有串、并联接线方式时，对电流互感器的一次绕组的直流电阻测量应在正常运行方式下测量，或同时测量两种接线方式下的一次绕组的直流电阻，倒立式电流互感器单匝一次绕组的直流电阻之间的差异不宜大于30%。当有怀疑时，应提高施加的测量电流，测量电流（直流值）不宜超过额定电流（方均根值）的50%。选用2500V兆欧表进行绕组的绝缘电阻测量，绕组不宜低于1000MΩ；末屏对地（电容型）不宜低于1000MΩ。

（2）验收要求

查看出厂试验报告、交接试验报告，并进行比较，根据工程需要采取抽查方式对该试验进行现场试验见证或复测，试验过程和结果应符合要求。

2.6.3.3 励磁特性曲线

（1）验收要点

当继电保护对电流互感器的励磁特性有要求时，应进行励磁特性曲线测量；当电流互感器为多抽头时，应测量当前拟定使用的抽头或最大变比的抽头。测量后应核对结果是否符合产品技术条件要求，核对方法应符合标准的规定；当进行励磁特性测量时，施加的电压高于绕组允许值（电压峰值为4.5kV），应降低试验电源频率。

（2）验收要求

与同类型互感器特性曲线或制造厂提供的特性曲线相比较，应无明显差别。

2.6.3.4 气体密度继电器、压力表检查及密封性能检查

（1）验收要点

气体密度表、继电器必须经核对性检查合格。油浸式互感器外表应无可见油渍现象；SF_6 气体绝缘互感器定性检漏无泄露点，有怀疑时应进行定量检漏，年泄漏率应小于0.5%。

（2）验收要求

查看密度继电器、压力表校验报告及检定证书，检查油浸式互感器外表有无可见油渍现象；SF_6 气体绝缘互感器定性检漏无泄露点。

2.6.3.5 绝缘油（气）试验

（1）验收要点

电压等级在66kV以上的油浸式互感器，应在耐压试验前后各进行一次油色谱试验（必要时进行含气量分析），油中溶解气体组分含量（μL/L）应满足：总烃<10μL/L，H_2<50μL/L，C_2H_2=0。

注人设备的新油击穿电压应满足：750kV及以上，≥70kV；500kV，≥60kV；330kV，≥50kV；66kV～220kV，≥40kV；35kV及以下，≥35kV。

水分（mL/L）含量应满足：330kV及以上，≤10；220kV，≤15；110kV及以下，≤20。

介质损耗（介损）因数 $\tan\delta$ 应≤0.7%。

需要注意的是，对于油浸倒置式电流互感器，以及制造厂要求不取油样的设备，一般不在现场取油样，如怀疑绝缘问题确须取油样时应在制造厂技术人员指导下进行。

（2）验收要求

查阅110（66）kV及以上电压等级允许取油的电流互感器交流耐压试验前后绝缘油油中溶解气体分析试验报告，根据工程需要进行抽测时，试验安排及试验结果应符合标准要求，两次测试值不应有明显差别。

2.6.3.6 SF_6 气体试验

（1）验收要点

SF_6 气体微水测量应在充气静置24h后进行，且不应大于250μL/L（20℃体积百分

数）；SF_6 气体年泄漏率应不大于 0.5%；纯度≥99.9%；SF_6 气体分解产物应<5μL/L，或（SO_2+SOF_2）<2μL/L、HF<2μL/L，且 220kV 及以上 SF_6 电流互感器耐压前后气体分解产物测试结果不应有明显的差别。

（2）验收要求

查阅设备调试记录及 SF_6 气体交接试验报告，内容应齐全、准确，根据工程需要进行现场见证或抽测时，SF_6 气体试验前静置时间、测试结果均应符合要求。

2.7 电压互感器交接验收

2.7.1 适用范围

本章节适用于 35kV 及以上电压互感器交接验收工作。

2.7.2 验收分工及验收内容

根据验收分工，电压互感器交接验收分为四个专业组开展：

2.7.2.1 一次专业组（表 2-28）

表 2-28 电压互感器一次专业验收标准表

序号	验收项目	验收标准	备注
1	铭牌标志	完整清晰，无锈蚀。	
2	渗漏油检查	瓷套、底座、阀门和法兰等部位应无渗漏油现象。	
3	油位指示	油位正常。	
4	相色标志检查	相色标志正确。	
5	中间变压器（电容式）	电容式电压互感器中间变压器高压侧不应装设氧化锌避雷器。	
6	均压环检查	均压环安装水平、牢固，且方向正确，安装在环境温度在零度及以下地区的均压环，宜在均压环最低处打排水孔。	
7	外观检查	a）油漆无剥落、无褪色。 b）无明显的锈迹、无明显的污渍。 c）瓷套不存在缺损、脱釉、落砂等问题，铁瓷结合部涂有合格的防水胶；瓷套达到防污等级要求。 d）复合绝缘干式电压互感器表面无损伤、无裂纹。	
8	SF_6 密度继电器或压力表	a）压力正常、无泄漏，标志明显、清晰。 b）校验合格，报警值（接点）正常。 c）应设有防雨罩。	详见 2.7.3.6

（续表）

序号	验收项目	验收标准	备注
9	互感器安装	a）安装牢固，垂直度应符合要求，本体各连接部位应牢固可靠。 b）同一组互感器三相间应排列整齐，极性方向一致。 c）铭牌应位于易于观察的同一侧。	
10	中间变压器接地（电容式）	电容式电压互感器中间变压器接地端应可靠接地。	
11	电容分压器安装顺序	对于220kV及以上电压等级电容式电压互感器，电容器单元安装时必须按照出厂时的编号以及上下顺序进行安装，严禁互换。	
12	阻尼器检查（电容式）	检查阻尼器是否接入的二次剩余绕组端子。	
13	接地	110（66）kV及以上电压互感器构支架应有两点与主地网不同点连接，接地引下线规格应满足设计要求，导通良好。	
14	出线端连接	螺母应有双螺栓连接等防松措施。	
15	设备线夹	a）线夹不应采用铜铝对接过渡线夹。 b）在可能出现冰冻的地区，线径为400mm^{2}及以上的、压接孔向上30°～90°的压接线夹，应打排水孔。 c）引线无散股、扭曲、断股现象。引线对地和相间符合电气安全距离要求，引线松紧适当，无明显过松过紧现象，导线的弧垂需满足设计规范的要求。	

2.7.2.2 二次专业组（表2－29）

表2－29 电压互感器二次专业验收标准表

序号	验收项目	验收标准	备注
1	二次端子接线	a）二次端子的接线牢固，并有防松功能，装蝶型垫片及防松螺母。 b）二次端子不应短路，单点接地。 c）控制电缆备用芯应加装保护帽。	
2	二次端子标志	二次端子标志明晰。	
3	电缆的防水性能	电缆加装固定头，如果没有，则应由内向外将电缆孔洞封堵。	
4	二次接线盒	a）符合防尘、防水要求，内部整洁。 b）接地、封堵良好。	
5	二次电缆穿线管端部	二次电缆穿线管端部应封堵良好，并将上端与设备的底座和金属外壳良好焊接，下端就近与主接地网良好焊接。	

2.7.2.3　交接试验组（表2-30）

表2-30　电压互感器交接试验专业验收标准表

序号	验收项目	验收标准	备注
1	绝缘油试验（电磁式）	a）色谱试验。 b）注入设备的新油击穿电压。 c）水分。 d）介质损耗因数 $\tan\delta$。	详见2.7.3.1
2	绕组的绝缘电阻	一次绕组对二次绕组及外壳、各二次绕组间及其对外壳的绝缘电阻不低于1000MΩ。	
3	35kV及以上电压等级的介质损耗因数 $\tan\delta$	a）电容式电压互感器应满足：电容量初值差不超过±2%。 b）电磁式电压互感器介损因数≤0.005（油纸绝缘）、电容式电压互感器≤0.0015（膜纸复合）。 c）110（66）kV及以上电磁式应满足：串级式，介质损耗因数 $\tan\delta \leqslant 0.02$；非串级式，介质损耗因数 $\tan\delta \leqslant 0.005$。	
4	交流耐压试验	a）试验时间为60s，无击穿现象。 b）油浸式设备在交流耐压试验前要保证足够静置时间。 c）二次绕组之间及对外壳进行2kV、1min耐压试验，N点耐压电压≥3kV。	详见2.7.3.2
5	绕组直流电阻（电磁式）	a）与换算到同一温度下出厂值比较，一次绕组相差不大于10%，二次绕组相差不大于15%。 b）同一批次的同型号、同规格电压互感器一次绕组、二次绕组的直流电阻值相互间的差异不大于5%。	
6	误差测量	a）用于关口计量的互感器应进行误差测量。 b）用于非关口计量的35kV及以上的互感器，宜进行误差测量。	
7	密封性能检查	a）油浸式电压互感器外表应无可见油渍现象。 b）SF_6 互感器年泄漏率小于0.5%。	
8	极性检测	减极性。	
9	电磁式电压互感器励磁曲线	a）交接试验时，应进行空载电流测量。 b）同批次、同型号、同规格电压互感器的励磁电流不宜相差30%。	详见2.7.3.5
10	SF_6 气体的含水量和 SF_6 气体成分测量	SF_6 气体含水量≤250uL/L，SF_6 纯度≥99.8%。	详见2.7.3.7
11	试验数据的分析	试验数据应通过显著性差异分析法和横比分析法进行分析，并提出意见。	

2.7.2.4 变电运维组（表 2－31）

表 2－31 电压互感器变电运维组验收标准表

序号	验收项目	验收标准	备注
1	订货合同、技术协议	资料齐全。	
2	安装使用说明书，图纸、维护手册等技术文件	资料齐全。	
3	重要附件的工厂检验报告和出厂试验报告	资料齐全，数据合格。	
4	出厂试验报告	资料齐全，数据合格。	
5	安装检查及安装过程记录	记录齐全，符合安装工艺要求。	
6	交接试验报告	项目齐全，数据合格。	
7	变电工程投运前电气安装调试质量监督检查报告	资料齐全。	
8	专用工器具、备品备件	按清单进行清点验收。	

2.7.3 验收要点及条款要求

2.7.3.1 绝缘油及油中溶解气体分析

（1）验收要点

a）色谱试验按照《变压器油中溶解气体分析和判断导则》进行，电压等级在 110（66）kV 以上电压等级的油浸式电磁式电压互感器，应在交流耐压和局部放电试验前后各进行一次油色谱试验，两次测得值相比不应有明显的差别。220kV 及以下应满足：氢气＜100、乙炔＜0.1、总烃＜10（μL/L）。330kV 及以上应满足：氢气＜50、乙炔＜0.1、总烃＜10（μL/L）。

b）注入设备的新油击穿电压应满足：750kV 及以上，≥70kV；500kV，≥60kV；330kV，≥50kV；66kV～220kV，≥40kV；35kV 及以下，≥35kV。

c）水分（mL/L）含量应满足：330kV 及以上，≤10；220kV，≤15；110kV 及以下，≤20。

d）介质损耗因数 tanδ 应满足：90℃时，注入电气设备前≤0.005，注入电气设备后≤0.007。

（2）验收要求

查阅 110（66）kV 及以上允许取油的电压互感器交流耐压试验前后绝缘油油中溶解气体分析试验报告是否符合要求及不符合要求项，根据工程需要进行抽测。试验安排及试验结果应符合标准要求，两次测试值不应有明显差别。

2.7.3.2 电磁式电压互感器交流耐压试验

（1）验收要点

a）一次绕组按出厂试验电压的 80％进行，试验时间为 60s，无击穿现象。

b）油浸式设备在交流耐压试验前要保证静置时间，110（66）kV设备静置时间不少于24h、220kV设备静置时间不少于48h、330kV和500kV设备静置时间不少于72h。

c）二次绕组间及其对箱体（接地）的工频耐压试验电压应为2kV。电压等级110kV及以上的电压互感器接地端（N）对地的工频耐受试验电压应为3kV，可用2500V兆欧表测量绝缘电阻试验替代。

（2）验收要求

对应验收要点，记录设备交流耐压试验是否满足要求。查看交接试验报告，根据工程需要采取抽查方式对该试验进行现场试验见证，耐压试验过程结果应符合要求。

2.7.3.3　电磁式电压互感器局部放电试验

（1）验收要点

a）电压等级为35kV～110kV互感器的局部放电测量可按10%进行抽测。

b）电压等级为220kV及以上互感器在绝缘性能有怀疑时，宜进行局部放电测量。

c）局部放电测量的测量电压及允许的视在放电量水平应满足标准的规定。

1）≥66kV：测量电压为$1.2Um/\sqrt{3}$时，环氧树脂及其他干式为50pC，油浸式和气体式为20pC；测量电压为Um时，环氧树脂及其他干式为100pC，油浸式和气体式为50pC。

2）35kV：全绝缘结构，测量电压为1.2Um时，环氧树脂及其他干式为100pC，油浸式和气体式为50pC。半绝缘结构，测量电压为$1.2Um/\sqrt{3}$时，环氧树脂及其他干式为50pC，油浸式和气体式为20pC；测量电压为1.2Um时，环氧树脂及其他干式为100pC，油浸式和气体式为50pC。

（2）验收要求

对应验收要点，记录设备局部放电试验是否满足要求。查阅交接试验报告，根据工程需要采取抽查方式对该试验进行现场试验见证。局部放电试验过程应符合要求。

2.7.3.4　电容式电压互感器（CVT）检测

（1）验收要点

a）电容分压器电容量与额定电容值比较不宜超过－5%～10%，介质损耗因数$\tan\delta$不应大于0.2%。

b）叠装结构CVT电磁单元因结构原因不易将中压连线引出时，可不进行电容量和介质损耗因数（$\tan\delta$）的测试，但应进行误差试验。

c）CVT误差试验应在支架（柱）上进行。

d）1000kV电容式电压互感器中间变压器各绕组、补偿电抗器及阻尼器的直流电阻均应进行测量，其中中间变压器一次绕组和补偿电抗器绕组直流电阻可一并测量。

（2）验收要求

对应验收要点，记录电容式电压互感器试验是否满足要求。查阅交接试验报告，根据工程需要采取抽查方式对该试验进行现场试验见证。电容量和介损要与出厂值比较，电磁单元有条件的要进行相关试验。

2.7.3.5　电磁式电压互感器的励磁曲线测量

（1）验收要点

a）测量点电压为额定电压的20%、50%、80%、100%、120%。

b）对于中性点非有效接地系统的互感器最高测量点为额定电压的190%。

c）100%电压测量点，励磁电流不大于出厂试验报告和型式试验报告测量值的30%。

d）同批次、同型号、同规格电压互感器同一测量点的励磁电流不宜相差30%。

e）测量点电压为110%、120%时，其励磁电流增值小于1.5。

f）励磁特性的拐点电压应大于$1.5Um/\sqrt{3}$（中性点有效接地系统）或$1.9Um/\sqrt{3}$（中性点非有效接地系统）。

g）用于励磁曲线测量的仪表应为方均根值表，当发生测量结果与出厂试验报告和型式试验报告相差大于30%时，应核对使用的仪表种类是否正确。

（2）验收要求

对应验收要点，记录设备励磁特性试验是否满足要求。查阅交接试验报告，根据工程需要采取抽查方式对该试验进行现场试验见证。

2.7.3.6　气体密度继电器和压力表检查

（1）验收要点

SF_6密度继电器与互感器设备本体之间的连接方式应满足不拆卸校验密度继电器的要求，户外安装应加装防雨罩。

（2）验收要求

对应验收要点条目，记录气体密度继电器和压力表的校验证书。查看密度继电器、压力表校验报告及检定证书。

2.7.3.7　SF_6气体试验

（1）验收要点

a）SF_6气体微水测量应在充气静置24h后进行。

b）投运前、交接时SF_6气体湿度（20℃）≤250μL/L，对于750k电压等级，应≤200μL/L。

c）SF_6气体年泄漏率应不大于0.5%。

（2）验收要求

对应验收要点条目，记录SF_6气体性能试验是否符合要求及不符合项。查阅设备SF_6气体调试记录及交接试验报告，根据工程需要进行现场见证或抽测，SF_6气体试验前静置时间、测试结果均应符合要求，如不符合应查明原因。

2.8　避雷器交接验收

2.8.1　适用范围

本章节适用于35kV及以上避雷器交接验收工作。

2.8.2 验收分工及验收内容

根据验收分工，避雷器交接验收分为三个专业组开展。

2.8.2.1 一次专业组（表 2－32）

表 2－32 避雷器一次专业组验收标准表

序号	验收项目	验收标准	备注
1	外观	a）瓷套无裂纹，无破损、脱釉，外观清洁，瓷铁黏合应牢固。 b）复合外套无破损、变形。 c）注胶封口处密封应良好。 d）底座固定牢靠、接地引下线连接良好。 e）铭牌齐全，相色正确。	
2	本体安装	a）安装牢固，垂直度应符合产品技术文件要求。 b）同一组三相间应排列整齐，铭牌位于易于观察的同一侧。 c）各节位置应符合产品出厂标志的编号。 d）检查瓷外套避雷器法兰排水口是否畅通，防止积水。	
3	均压环	a）均压环应无划痕、毛刺及变形。 b）与本体连接良好，安装应牢固、平正，不得影响接线板的接线，宜在均压环最低处打排水孔。	
4	压力释放通道	无缺失，安装方向正确，不能朝向设备、巡视通道。	
5	底座	应使用单个的大爬距的绝缘底座，机械强度应满足载荷要求。	
6	监测装置	监测装置密封良好，安装高度适中，牢固，接线紧固。	详见 2.8.3.6
7	外部连接	引线、线夹、接地引下线等安装须符合设计运行要求。	详见 2.8.3.5

2.8.2.2 交接试验组（表 2－33）

表 2－33 避雷器交接试验组验收标准表

序号	验收项目	验收标准	备注
1	本体绝缘电阻	a）35kV 以上：采用 5000V 兆欧表，不小于 2500MΩ。 b）35kV 及以下：采用 2500V 兆欧表，不小于 1000MΩ。	详见 2.8.3.1
2	工频参考电压和持续电流	a）工频参考电压不小于技术规范书要求值。 b）全电流和阻性电流应符合制造厂技术规定。	详见 2.8.3.3
3	直流参考电压和 0.75 倍直流参考电压下的泄漏电流	a）直流参考电压实测与出厂值比较，变化不应大于±5%。 b）直流参考电压不应小于 GB 11032 和 GB/T 50832 规定值。 c）泄漏电流不应大于 50μA（750kV 及以下系统避雷器）。 d）泄漏电流不应大于 200μA（1000kV 系统避雷器）。 e）部分避雷器泄漏电流值可按制造厂和用户协商值执行。	详见 2.8.3.2

（续表）

序号	验收项目	验收标准	备注
4	底座绝缘电阻	a）不低于 100MΩ（750kV 及以下系统避雷器）。 b）不低于 2000MΩ（1000kV 系统避雷器）。	详见 2.8.3.1
5	监测装置试验	a）放电计数器动作应可靠。 b）泄漏电流指示良好，准确等级不低于 5 级。	
6	复合外套憎水性检查	憎水性能按喷水分级法（HC 法），一般应为 HC1～HC2 级。	
7	试验数据的分析	试验数据应通过显著性差异分析法和横比分析法进行分析，并提出意见。	

2.8.2.3 变电运维组（表 2－34）

表 2－34 避雷器变电运维组验收标准表

序号	验收项目	验收标准	备注
1	订货合同、技术规范书	资料齐全。	
2	安装使用说明书，图纸等技术文件	资料齐全。	
3	出厂试验报告	资料齐全，数据合格。	
4	安装检查及安装过程记录	记录齐全，数据合格。	
5	安装过程中设备缺陷通知单、设备缺陷处理记录	记录齐全。	
6	交接试验报告	项目齐全，数据合格。	
7	变电工程投运前电气安装调试质量监督检查报告	资料齐全。	
8	专用工器具、备品备件	按清单进行清点验收。	

2.8.3 验收要点及条款要求

2.8.3.1 避雷器及基座绝缘电阻测试

（1）验收要点

a）35kV～500kV 交流避雷器，测量金属氧化物避雷器及基座绝缘电阻，应符合下列规定：

1）35kV 以上电压等级，应采用 5000V 兆欧表，绝缘电阻不小于 2500MΩ；

2）35kV 以下电压等级，应采用 2500V 兆欧表，绝缘电阻不小于 1000MΩ；

基座绝缘电阻不应低于 5MΩ。

b）750kV～1000kV 交流避雷器，本体绝缘电阻测量采用 5000V 兆欧表，绝缘电阻不小于 2500MΩ；基座绝缘电阻测量采用 2500V 及以上兆欧表，绝缘电阻不低于 2000MΩ。

c）±500kV 直流换流站避雷器，测量避雷器的绝缘电阻值，与出厂试验值比较应无明显降低。

d）±800kV 直流避雷器，本体绝缘电阻测量采用 5000V 兆欧表，绝缘电阻不小于 2500MΩ；基座绝缘电阻测量采用 2500V 兆欧表，绝缘电阻不低于 5MΩ。

（2）验收要求

查阅避雷器及基座绝缘电阻测试报告，对应监督要点，记录是否满足要求。

2.8.3.2 直流参考电压和 0.75 倍直流参考电压下的泄漏电流

（1）验收要点

a）35kV～500kV 交流避雷器：

1）直流参考电压实测值与出厂值比较，变化不应大于±5%，且不应小于 GB11032—2010《交流无间隙金属氧化物避雷器》规定值。

2）0.75 倍直流参考电压下的泄漏电流值不应大于 50μA，或符合产品技术条件的规定。

b）750kV 交流避雷器：

1）电流达到 1mA 和 3mA 时，分别记录对应的直流参考电压，直流参考电压值应符合产品技术条件。

2）0.75 倍直流参考电压下的泄漏电流应不大于 65μA，且应符合产品技术条件的规定。

c）1000kV 交流避雷器：

1）试验应在整只避雷器或避雷器元件上进行。

2）整只避雷器直流为 8mA 时的参考电压值不应低于 1114kV，但不应大于制造厂规定的上限值，并记录直流为 4mA 时的参考电压值。

3）0.75 倍直流为 8mA 时的参考电压下泄漏电流不应大于 200μA。

d）±500kV 直流换流站避雷器：对应直流参考电流下的直流参考电压，整只或分节进行的测试值，应符合产品技术条件的规定。

e）±800kV 直流避雷器：

1）直流参考电压测量，按厂家规定的直流参考电流值，对整只或单节避雷器进行测量，其参考电压值不得低于合同规定值。

2）对于单柱避雷器，0.75 倍直流参考电压下的泄漏电流应不超过 50μA，对于多柱并联和额定电压为 216kV 以上的避雷器，0.75 倍直流参考电压下的泄漏电流应不大于制造厂标准的规定值。

（2）验收要求

查阅直流参考电压和 0.75 倍直流参考电压下的泄漏电流测试报告，对应验收要点，记录是否满足要求。本项测试与 2.8.3.3 项测试可选做一项。

2.8.3.3 工频参考电压及持续电流测试

（1）验收要点

a）35kV～500kV 交流避雷器：

1）工频参考电流下的工频参考电压，整支或分节进行的测试值，应符合 GB/T 11032—2010《交流无间隙金属氧化物避雷器》或产品技术条件的规定。

2）测量金属氧化物避雷器在避雷器持续运行电压下的持续电流，其阻性电流和全电流值应符合产品技术条件的规定。

b）750kV 交流避雷器：在系统运行电压下，测量避雷器的全电流和阻性电流，全电流和阻性电流值应符合产品技术条件。

c）1000kV 交流避雷器：运行电压下的阻性电流与全电流不应大于制造厂家的额定值。

d）±500kV 直流换流站避雷器：

1）对应工频参考电流下的工频参考电压，整只或分节进行的测试值，应符合产品技术条件的规定。

2）测量运行电压下的持续电流，其持续电流值应符合产品技术条件的规定。

e）±800kV 直流避雷器：工频参考电压应在制造厂选定的工频参考电流下测量。

（2）验收要求

查阅工频参考电压及持续电流测试报告，对应验收要点，记录是否满足要求。本项测试与 2.8.3.2 项测试可选做一项。

2.8.3.4 在线监测装置现场试验

（1）验收要点

应进行误差试验，性能要求应满足验收要求。

（2）验收要求（表 2-35）

表 2-35 金属氧化物避雷器绝缘在线监测装置技术指标

检测参量	测量范围	测量误差要求	测量重复性要求	抗干扰性能要求
全电流有效值	100μA～50mA	±（标准读数×2%+5μA）	RSD<0.5%	
阻性电流基波峰值	10μA～10mA	±（标准读数×5%+2μA）	RSD<2%	在检测电流信号中依次施加 3、5、7 次谐波电流时，测量误差仍能满足要求。
阻容比值	0.05～0.5	±（标准读数×2%+0.01）	RSD<2%	

2.8.3.5 外部连接

（1）验收要点

a）引线不得存在断股、散股，长短合适，无过紧现象或风偏的隐患。

b）一次接线线夹无开裂痕迹，不得使用铜铝式过渡线夹；在可能出现冰冻的地区，线径为 400mm² 及以上的、压接孔向上 30°～90°的压接线夹，应打排水孔。

c）各接触表面无锈蚀现象。

d）连接件应采用热镀锌材料，并至少有两点固定。

e）所有的螺栓连接必须加垫弹簧垫圈，并目测确保其收缩到位。

f）接地引下线应连接良好，截面积应符合设计要求。

（2）验收要求

对应验收要点，现场检查是否满足要求。

2.8.3.6 监测装置

（1）验收要点

a）密封良好、内部不进潮气，110kV 及以上电压等级避雷器应安装泄漏电流监测装置，泄漏电流量程选择适当，且三相一致，读数应在零位。

b）安装位置一致，高度适中，指示、刻度清晰，便于观察以及测量泄漏电流值，计数值应调至同一值。

c）接线柱引出小套管清洁、无破损，接线紧固。

d）监测装置应安装牢固、接地可靠，紧固件不应作为导流通道。

e）监测装置应安装在可带电更换的位置。

（2）验收要求

对应验收要点，现场检查是否满足要求。

2.9 并联电容器交接验收

2.9.1 适用范围

本章节适用于 35kV 及以下并联电容器交接验收工作。

2.9.2 验收分工及验收内容

根据验收分工，并联电容器交接验收分为三个专业组开展。

2.9.2.1 一次专业组（表 2－36）

表 2－36 并联电容器一次专业组验收标准表

序号	验收项目	验收标准	备注
1	框架式电容器组外观检查	a）组内所有设备无明显变形，外表无锈蚀、破损及渗漏。 b）外熔断器完好，无断裂；外熔断器与水平方向呈 45°～60°角，弹簧指示牌与水平方向垂直。 c）35kV 及以下电容器组连接母排应做绝缘化处理。 d）电容器组整体容量、接线方式等铭牌参数应与设计要求相符。 e）电容器应从高压入口侧依次进行编号，编号面向巡视侧，电容器身上编号清晰、标示项目醒目。 f）运行编号标志清晰、正确可识别。	

（续表）

序号	验收项目	验收标准	备注
2	集合式电容器外观检查	a）油箱、贮油柜（或扩张器）、瓷套、出线导杆、压力释放阀、温度计等应完好无损，油箱及阀门接合处无渗漏油且油位指示正常，吸湿器硅胶罐装至顶部1/6～1/5处，吸湿器硅胶无受潮变色、碎裂、粉化现象，油封杯完好，油面应高于呼吸管口。 b）电容器组整体容量、接线方式等铭牌参数应与设计要求相符。	
3	套管	应为一体化压接式套管，瓷套管表面清洁，瓷套无破损、歪斜及渗漏油。	
4	接头	接头采用专用线夹，紧固良好无松动。	
5	接线	a）电容器端头相互之间的连接线、电容器端头至熔断器或母排的连接线均应使用软连接，电容器的接线端子与连线采用不同材质金属时，应采取过渡措施，并不得使用铜铝过度线夹连接，引线长期允许电流不小于1.5倍单台电容器额定电流，且满足动热稳定要求。 b）无散股、扭曲、断股现象。 c）引线弧度合适，间距符合绝缘要求。 d）引线接触面应接触紧密，并涂有导电膏，线端连接用的螺母、垫圈应齐全。 e）母线与支线连接符合规范。 f）电容器组放电回路与电容器单元两端接线良好。 g）电容器组10kV电缆宜采用冷缩终端。	
6	安装布置	a）干式空心串联电抗器应安装在电容器组首端。 b）电抗器与上部、下部和基础中的铁磁性构件距离，不宜小于电抗器直径的0.5倍。 c）电抗器中心与侧面的铁磁性构件距离，不宜小于电抗器直径的1.1倍。 d）电抗器相互之间的中心距离，不宜小于电抗器直径的1.7倍。 e）新安装（不包含技改大修项目）空心串联电抗器应采用水平安装方式。	
7	支柱	支柱绝缘子应完整，无裂纹及破损，防震垫应齐全。	
8	电抗率核对	每组电容器组串抗对应的电抗率应核实符合设计要求。	
9	接地	a）干式空心电抗器支架的环形水平接地线有明显断开点，不构成闭合回路。 b）铁心电抗器铁心应一点接地。	

（续表）

序号	验收项目	验收标准	备注
10	接线	a）器身接线板连接紧固良好，当引线和接头采用不同材质金属时应采取过渡措施，并不得使用铜铝过度线夹连接。 b）绕组接线无放电痕迹及裂纹，无散股、扭曲、断股现象。 c）引线弧度合适，相间及对地距离符合绝缘要求。 d）引出线如有绝缘层，绝缘层应无损伤、裂纹。 e）电抗器各搭接处均应搭接可靠，搭接处应涂抹导电膏。 f）所有螺栓应使用非导磁材料，安装紧固，力矩符合要求。	
11	接线及结构	a）放电线圈首末端必须与电容器首末端相连接。 b）二次接线板及端子密封完好，无渗漏，清洁无氧化。 c）引线连接整齐牢固，接头涂有导电膏。 d）放电线圈固定螺栓牢固可靠，无松动。 e）校核放电线圈极性和接线应正确无误。	
12	一般检查	应符合氧化锌避雷器设备验收通用细则中的竣工验收标准卡中的条款要求。	
13	针对电容器组的特殊要求	a）避雷器应安装在紧靠电容器高压侧入口处位置。 b）三相末端可连接成星型接地或三相单独直接接地，接地紧固。	
14	验收检查	应符合电流互感器设备验收通用细则中的竣工验收标准卡中的条款要求。	
15	一般检查	应符合隔离开关设备验收通用细则中的竣工验收标准卡中的条款要求。	
16	针对电容器组的特殊要求	35kV及以下电容器组用隔离刀闸应该为带接地刀闸的结构，接地刀闸静触头应上置，防止出现刀闸刀片因机械限位不足而自由垂落至接地刀静触头。	
17	接地	a）凡不与地绝缘的电容器外壳及构架均应接地，且有接地标志。 b）接地端子及构架可靠接地，无伤痕及锈蚀。 c）接地引下线截面符合动热稳定要求。 d）接地引下线采用黄绿相间的色漆或色带标志。 e）接地引线检查平直牢固，电容器组整体应两点分别接地。	

2.9.2.2　交接试验组（表2-37）

表2-37　并联电容器交接试验组验收标准表

序号	验收项目	验收标准	备注
1	并联电容器组试验	a）绝缘电阻。 b）电容量测量。 c）交流耐压试验。	

（续表）

序号	验收项目	验收标准	备注
2	串联电抗器试验	直流电阻。	
3	放电线圈试验	a）绝缘电阻。 b）油浸式放电线圈介质损耗值。	

2.9.2.3 变电运维组（表2-38）

表2-38 并联电容器变电运维组验收标准表

序号	验收项目	验收标准	备注
1	框架式电容器组外观检查	a）组内所有设备无明显变形，外表无锈蚀、破损及渗漏。 b）外熔断器完好，无断裂；外熔断器与水平方向呈45°～60°角，弹簧指示牌与水平方向垂直。 c）35kV及以下电容器组连接母排应做绝缘化处理。 d）电容器组整体容量、接线方式等铭牌参数应与设计要求相符。 e）电容器应从高压入口侧依次进行编号，编号面向巡视侧，电容器身上编号清晰、标示项目醒目。 f）运行编号标志清晰、正确可识别。	
2	集合式电容器外观检查	a）油箱、贮油柜（或扩张器）、瓷套、出线导杆、压力释放阀、温度计等应完好无损，油箱及阀门接合处无渗漏油且油位指示正常，吸湿器硅胶罐装至顶部1/6～1/5处，吸湿器硅胶无受潮变色、碎裂、粉化现象，油封杯完好，油面应高于呼吸管口。 b）电容器组整体容量、接线方式等铭牌参数应与设计要求相符。	
3	围栏	a）电容器组四周装设常设封闭式围栏并可靠闭锁，接地良好；围栏高度符合安全规范的要求，高度应在1.7米以上并悬挂标示牌，安全距离符合安全规范的要求。 b）电容器组围栏应完整，当电容器组采用空心电抗器时，如使用金属围栏则应留有防止产生感应电流的间隙。 c）室外安装的电容器围栏底部基础应有排水孔。	
4	铭牌	a）铭牌材质应为防锈材料，无锈蚀；铭牌参数齐全、正确。 b）安装在便于查看的位置上，电容器单元铭牌一致向外，面向巡检通道。	
5	相序	相序标志清晰正确。	
6	构架及基础	a）对地绝缘的电容器外壳应和构架一起连接到规定电位上，接线应牢固可靠。 b）框架应保持其应有的水平及垂直位置，无变形、防腐良好，紧固件齐全，全部采用热镀锌。 c）室外电容器地坪，应采用水泥硬化，留有排水孔。	

（续表）

序号	验收项目	验收标准	备注
7	电容器室	安装在室内的电容器组，电容器室应装有通风装置。	
8	二次装置	二次装置接线外观无异常，端子排接线齐整牢固。	
9	外观检查	a）外壳应无膨胀变形，所有接缝不应有裂缝，外表无锈蚀、渗漏油。 b）电容器箱体与框架通过螺栓固定，连接紧固无松动。 c）外熔断器无断裂、虚接，无明显锈蚀现象，熔断器规格应符合设备要求，安装位置及角度正确，指示装置无卡死。	
10	套管	应为一体化压接式套管，瓷套管表面清洁，瓷套无破损、歪斜及渗漏油。	
11	外观检查	a）包封已喷涂绝缘涂料且外表完好无破损，线圈应无变形。 b）铁心电抗器外绝缘完好，无破损，铁心表面涂层无掉漆现象。 c）包封与支架间紧固带应无松动、断裂，撑条应无脱落。	
12	支柱	支柱绝缘子应完整，无裂纹及破损，防震垫应齐全。	
17	接地	a）干式空心电抗器支架的环形水平接地线有明显断开点，不构成闭合回路。 b）铁心电抗器铁心应一点接地。	
18	接线	a）器身接线板连接紧固良好，当引线和接头采用不同材质金属时应采取过渡措施，并不得使用铜铝过度线夹连接。 b）绕组接线无放电痕迹及裂纹，无散股、扭曲、断股现象。 c）引线弧度合适，相间及对地距离符合绝缘要求。 d）引出线如有绝缘层，绝缘层应无损伤、裂纹。 e）电抗器各搭接处均应搭接可靠，搭接处应涂抹导电膏。 f）所有螺栓应使用非导磁材料，安装紧固，力矩符合要求。	
19	外观检查	为全密封结构，瓷件或复合绝缘外套无损伤、外壳无渗漏油。接地端应和构架一起连接到规定电位上，接线应牢固可靠。	
21	一般检查	应符合氧化锌避雷器设备验收通用细则中的竣工验收标准卡中的条款要求。	
22	针对电容器组的特殊要求	a）避雷器应安装在紧靠电容器高压侧入口处位置。 b）三相末端可连接成星型接地或三相单独直接接地，接地紧固。	
24	一般检查	应符合隔离开关设备验收通用细则中的竣工验收标准卡中的条款要求。	
25	针对电容器组的特殊要求	35kV 及以下电容器组用隔离刀闸应该为带接地刀闸的结构，接地刀闸静触头应上置，防止出现刀闸刀片因机械限位不足而自由垂落至接地刀静触头。	

（续表）

序号	验收项目	验收标准	备注
26	接地	a）凡不与地绝缘的电容器外壳及构架均应接地，且有接地标志。 b）接地端子及构架应可靠接地，无伤痕及锈蚀。 c）接地引下线截面符合动热稳定要求。 d）接地引下线采用黄绿相间的色漆或色带标志。 e）接地引线检查平直牢固，电容器组整体应两点分别接地。	
27	消防措施	a）室外安装时，地面宜采用水泥砂浆抹面，也可铺碎石。 b）室内安装时，地面宜采用水泥砂浆抹面并压光，也可铺沙。	

2.9.3 验收要点及条款要求

2.9.3.1 并联电容器

2.9.3.1.1 绝缘电阻

（1）验收要点

集合式电容器的绝缘电阻应在电极对外壳之间，并采用1000V兆欧表测量小套管对地绝缘电阻，绝缘电阻均不低于500MΩ。

（2）验收要求

查阅交接试验报告，必要时见证试验过程，开展试验复测。

2.9.3.1.2 电容测量

（1）验收要点

电容测量应采用单台电容器电容量测量，计算得到各相、各臂电容量差值的方式；对电容器组，应测量各相、各臂及总的电容值。测量结果应符合现行国家标准GB/T11024.1《标称电压1000V以上交流电力系统用并联电容器第1部分：总则》。

电容和额定电容的相对误差应不超过以下数值：1）对电容器单元，电容偏差为－5%～＋5%；2）对于总容量在3Mvar及以下电容器组，电容偏差为－5%～＋5%；3）对于总容量在3Mvar以上，电容偏差为0%～＋5%；4）三相单元中任何两线路端子之间测得的电容的最大值和最小值之比不应超过1.08；5）三相电容器组中任何两线路端子之间测得电容的最大值和最小值之比，不应大于1.02；6）三相单元中电容器组中各相电容量的最大值和最小值之比，不应大于1.02。

（2）验收要求

查阅交接试验报告，必要时见证试验过程，开展试验复测。

2.9.3.1.3 交流耐压试验

（1）验收要点

并联电容器电极对外壳交流耐压试验电压值，应符合表2-39的规定；当产品出厂试验电压值不符合表2-39的规定时，交接试验电压应按产品出厂试验电压值的75%进行；工频耐受电压施加的时间为1min。

表 2-39　并联电容器电极对外壳交流耐压试验电压（kV）

额定电压	<1	1	3	6	10	15	20	35
出厂试验电压	3	6	18/25	23/32	30/42	40/55	50/65	80/95
交接试验电压	2.3	4.5	18.8	24	31.5	41.3	48.8	71.3

注：斜线下的数据为外绝缘的干耐受电压。

（2）验收要求

查阅交接试验报告，必要时见证试验过程，开展试验复测。

2.9.3.1.4　电容器连接

（1）验收要点

电容器端子间或端子与汇流母线间的连接应采用带绝缘护套的软铜线。汇流母线应采用铜排；与集合式电容器、油浸式串联电抗器、放电线圈的电气连接，应采用专用的接线端子和有伸缩节的导电排并连接可靠。

（2）验收要求

现场检查。

2.9.3.2　串联电抗器

2.9.3.2.1　直流电阻

（1）验收要点

测量绕组连同套管的直流电阻，应符合下列规定：1）三相电抗器绕组直流电阻值相互间差值不应大于三相平均值的2%；2）同相初值与出厂值比较相应变化不应大于2%（换算到同温度下）；3）对于立式布置的干式空芯电抗器绕组直流电阻值，可不进行三相间的比较。

（2）验收要求

查阅交接试验报告等资料，必要时见证试验过程，开展抽检。

2.9.3.2.2　匝间耐压试验

（1）验收要点

干式空心电抗器出厂应进行匝间耐压试验，出厂试验报告应含有匝间耐压试验项目。330kV及以上变电站新安装的干式空心电抗器交接时，具备试验条件就应进行匝间耐压试验。

（2）验收要求

查阅产品说明书、交接试验报告等资料，必要时见证试验过程，开展抽检。

2.9.3.2.3　布置方式

（1）验收要点

干式空心串联电抗器应安装在电容器组首端，在系统短路电流大的安装点，设计时应校核其动热稳定性；新安装的35kV及以上干式空心串联电抗器不应采用叠装结构，10kV干式空心串联电抗器应采取有效措施防止电抗器单相事故发展为相间事故。

（2）验收要求

查阅产品说明书、试验报告和设计文件等资料和现场检查。

2.9.3.2.4　现场安装方式

(1) 验收要点

户外装设的干式空心电抗器，包封外表面应有防污和防紫外线措施；电抗器外露金属部位应有良好的防腐蚀涂层；干式空心电抗器下方接地线不应构成闭合回路，围栏采用金属材料时，金属围栏禁止连接成闭合回路，应有明显的隔离断开段，并不应通过接地线构成闭合回路。

(2) 验收要求

查阅产品说明书、试验报告和设计文件等资料，现场检查。

2.9.3.3　放电线圈的绝缘电阻

(1) 验收要点

测量一次绕组对二次绕组、铁芯和外壳的绝缘电阻，二次绕组对铁芯和外壳的绝缘电阻。应符合以下规定：一次绕组对二次绕组、铁芯和外壳的绝缘电阻不小于1000MΩ；二次绕组对铁芯和外壳的绝缘电阻不小于500MΩ。

(2) 验收要求

查阅交接试验报告等资料，必要时见证试验过程，开展抽检。

2.9.3.4　油浸式放电线圈

2.9.3.4.1　介质损耗值

(1) 验收要点

油浸式放电线圈介质损耗值：35kV应不大于3%（20℃时），66kV应不大于2%（20℃时）。

(2) 验收要求

查阅交接试验报告等资料，必要时见证试验过程，开展抽检。

2.9.3.4.2　安装位置与结构检查

(1) 验收要点

放电线圈首末端必须与电容器首末端相连接；新安装放电线圈应采用全密封结构。

(2) 验收要求

现场检查。

2.9.3.5　避雷器

2.9.3.5.1　安装位置及中性点接线方式

(1) 验收要点

电容器组过电压保护用金属氧化物避雷器应安装在紧靠电容器组高压侧入口处位置；电容器组过电压保护用金属氧化物避雷器接线方式应采用星形接线，中性点直接接地方式。

(2) 验收要求

现场检查。

2.10 站用电力电缆交接验收

2.10.1 适用范围

本章节适用于35kV及以上站用电力电缆验收指导工作。

2.10.2 验收分工及验收内容

2.10.2.1 根据验收分工，站用电力电缆验收分为三个专业班组开展

根据验收分工，站用电力电缆验收分为检修专业组验收、试验专业组验收和运维专业组验收。

2.10.2.2 人员要求

a）站用电力电缆验收由所属管辖单位运检部选派相关专业技术人员参加；

b）站用电力电缆验收负责人应为从事变电检修专业的班组长或技术专责。

2.10.2.3 验收内容

2.10.2.3.1 检修专业组（表2-40）

表2-40 站用电力电缆检修专业组验收标准表

序号	验收项目	验收标准	备注
1	电缆本体及附件	a）终端表面干净，无污秽，密封完好。终端绝缘管材无开裂，套管及支撑绝缘子无损伤。 b）电气连接点固定件无松动、锈蚀。 c）电缆终端应有固定支撑。 d）新建电缆工程不能安装电缆中间接头。 e）标牌及标识清晰、明确，标牌应写明起止设备名称、电缆型号、长度等信息。	
2	附属设备	a）地线连接紧固可靠。 b）接地扁铁无锈蚀。	
3	附属设施	孔洞封堵完好。	
4	相序	相序标识清晰正确。	
5	电缆通道	敷设方式及通道应结合环境特点并满足设备运维要求，通道应进行有效防水封堵。在电缆穿过墙壁、楼板或进入电气盘、柜的孔洞处，用防火堵料密实封堵。	
6	电缆走向及路径	电缆走向及路径应与设计保持一致，直埋电缆地面应设置标桩。	
7	隐蔽工程	隐蔽工程图纸资料齐全。直埋敷设回填物无石块、建筑垃圾等，回填土应分层夯实。	

（续表）

序号	验收项目	验收标准	备注
8	接地系统	a）三芯电缆应按设计要求进行接地。交流单芯电缆的金属护套或屏蔽层，在线路上至少有一点直接接地，且在金属护套或屏蔽层上任一点非接地处的正常感应电压，不得大于规定值。 b）交流单芯电缆金属护套的接地方式，应按规程接地并设置保护层保护器。 c）保护层保护器与电缆金属护套的连接线应尽可能短，3m之内可采用单芯塑料绝缘线，3m以上宜采用同轴电缆。连接线的绝缘水平不得小于电缆外护套的绝缘水平。连接线截面应满足系统单相接地电流通过时的热稳定要求。	
9	敷设工艺验收	a）敷设深度应符合规程要求。 b）工艺符合GB 50168要求并留存关键步骤的影像资料及制作安装记录。 c）敷设深度应符合规程要求。 d）电缆敷设时的弯曲半径应符合规程要求。 e）电缆外护层应完好无损。	

2.10.2.3.2 试验专业组（表2-41）

表2-41 站用电力电缆试验专业组验收标准表

序号	验收项目	验收标准	备注
1	交流耐压试验	a）110kV及以下电缆施加20Hz～300Hz交流电压2U0，持续1h，绝缘不发生击穿，试验前后绝缘电阻应无明显变化。 b）220kV电缆施加20Hz～300Hz交流电压1.7U0，持续1h，绝缘不发生击穿，试验前后绝缘电阻应无明显变化。	
2	电缆外护套电气试验	在金属套和外护套表面导电层之间以金属套接负极施加直流电压10kV，持续1min，外护套不被击穿。	
3	绝缘电阻	10kV及以上电缆用2500V兆欧表或5000V兆欧表。 测量各电缆导体对地或对金属屏蔽层间和各导体间的绝缘电阻，耐压前后绝缘电阻测量应无明显变化，与出厂值比较应无明显变化。 橡塑电缆外护套、内衬层的测量用500V兆欧表，绝缘电阻不低于0.5MΩ/km。	
4	护层保护器	a）绝缘电阻：用500V兆欧表，绝缘电阻不小于10MΩ。 b）测试直流1mA动作电压U1mA：0.75U1mA泄漏电流不大于50μA。	

2.10.2.3.3 运维专业组（表 2-42）

表 2-42 站用电力电缆运维专业组验收标准表

序号	验收项目	验收标准	备注
1	直埋敷设	a）电缆沟深度、宽度应与施工图保持一致。 b）沟内无石块、建筑垃圾等。 c）电缆上、下铺沙或软土，深度应与设计保持一致。 d）电缆上部采用的保护措施应与设计保持一致。 e）回填土应分层夯实。	
2	排管敷设	a）排列方式、断面布置应与设计保持一致。 b）电缆保护管材质、内径应与设计保持一致。 c）电缆保护管固定应牢固，连接应严密。 e）地基坚实、平整，无凹陷。 f）保护管端口应进行有效防水封堵。	
3	电缆沟、隧道	a）深度、宽度应与施工图保持一致。 b）电缆沟、隧道内无石块、建筑垃圾等。 c）结构本体无渗漏水。 d）电缆摆放应整齐。	
4	转序工程	土建施工验收合格后，方可进行电缆敷设。	
5	资料留存	隐蔽工程应有影像资料留存。	
6	电缆走向及路径	电缆走向与路径应与设计保持一致，直埋电缆地面应设置标桩。	
资料及文件验收			
7	订货合同、技术规范	资料齐全。	
8	完成的设计资料，包括初步设计、施工图集设计变更、设计审查文件	资料齐全。	
9	工程施工监理文件、质量文件及各种施工原始记录	资料齐全。	
10	隐蔽工程中间验收记录及签证书	记录完整。	
11	施工缺陷处理记录及附图	资料齐全。	

（续表）

序号	验收项目	验收标准	备注
12	电缆附件安装工艺说明书、装配总图和安装记录	资料齐全。	
13	电缆线路竣工图纸和路径走向图	资料齐全。	
14	原始记录，包括长度、截面、电压、型号、安装日期、电缆及附件生产厂家、各种合格证书、出厂试验报告等	资料齐全。	
15	交接试验报告	资料齐全。	
16	电缆设备开箱进库验收单及附件装箱单	资料齐全。	

2.10.3 验收要点及条款要求

电缆及电缆附件的验收是电缆线路施工前的重要工作，是保证电缆及电缆附件安装质量及安全运行的第一步，所以，电缆及附件的验收试验标准均应服从国家标准和订货合同中的特殊约定。

2.10.3.1 电缆及附件的现场检查验收

2.10.3.1.1 电缆的现场检查验收

a）按照施工设计和订货合同，电缆的规格、型号和数量应相符。电缆的产品说明书、检验合格证应齐全。

b）电缆盘及电缆应完好无损，充油电缆及电缆盘上的附件应完好，压力箱的油压应正常，电缆应无漏油迹象。电缆端部应密封严密牢固。

c）摇测电缆外护套绝缘。凡有聚氯乙烯或聚乙烯护套且护套外有石墨层的电缆，一般应用2500V绝缘电阻表测量绝缘电阻，绝缘电阻应符合要求。

d）电缆盘上盘号，制造厂名称，电缆型号、额定电压、芯数及标称截面，装盘长度，毛重，电缆盘正确旋转方向的箭头，标注标记和生产日期均应齐全清晰。

2.10.3.1.2 电缆附件的现场检查验收

a）按照施工设计和订货合同，电缆附件的产品说明书、检验合格证、安装图纸应齐全。

b）电缆附件应齐全、完好，型号、规格应与电缆类型（如电压、芯数、截面、护层结构）和环境要求一致，终端外绝缘应符合污秽等级要求。

c）绝缘材料的防潮包装及密封应良好，绝缘材料不得受潮。

d）橡胶预制件、热缩材料的内外表面光滑，没有因材质或工艺不良引起的肉眼可见的斑痕、凹坑、裂纹等缺陷。

e）导体连接杆和导体连接管表面应光滑、清洁，无损伤和毛刺。

f）附件的密封金具应具有良好的组装密封性和配合性，不应有组装后造成泄漏的缺陷，如划伤、凹痕等。

g）橡胶绝缘与半导电屏蔽的界面应结合良好，应无裂纹和剥离现象。半导电屏蔽应无明显杂质。

h）环氧预制件和环氧套管内外表面应光滑，无明显杂质、气孔；绝缘与预埋金属嵌件结合良好，无裂纹、变形等异常情况。

2.10.3.2　电缆及附件的出厂试验

2.10.3.2.1　电缆例行试验

电缆例行试验又称为出厂试验，是制造厂为了证明电缆质量符合技术条件，发现制造过程中的偶然性缺陷，对所有制造的电缆均进行的试验。电缆例行试验主要包括以下三项试验：

a）交流电压试验。试验应在成盘电缆上进行。在室温下，在导体和金属屏蔽之间施加交流电压，电压值与持续时间应符合相关标准规定，以不发生绝缘击穿为合格。

b）局部放电试验。交联聚乙烯电缆应当100%进行局部放电试验，局部放电试验电压施加于电缆导体与绝缘屏蔽之间。通过局部放电试验可以检验出的制造缺陷有绝缘中存在的杂质和气泡、导体屏蔽层不完善（如凸凹、断裂）、导体表面毛刺及外屏蔽损伤等。进行局部放电测量时，电压应平稳地升高到1.2倍试验电压，但时间应不超过1min。此后，缓慢地下降到规定的试验电压，此时即可测量局部放电量值，测得的指标应符合国家技术标准及订货技术标准。

c）非金属外护套直流电压试验。如在订货时有要求，对非金属外护套应进行直流电压试验。在非金属外护套内金属层和外导电层之间（以内金属层为负极性）施加25kV直流电压，保持1min，外护套应不被击穿。

2.10.3.2.2　电缆抽样试验

抽样试验是制造厂按照一定频度对成品电缆或取自成品电缆的试样进行的试验。抽样试验多数为破坏性试验，通过它验证电缆产品的关键性能是否符合标准要求。抽样试验包括电缆结构尺寸检查、导体直流电阻试验、电容试验和交联聚乙烯绝缘热延伸试验。电缆抽样试验应在每批统一型号及规格电缆中的一根制造长度电缆上进行，但数量应不超过合同中交货批制造盘数的10%。如试验结果不符合标准规定的任一项试验要求，应在同一批电缆中取2个试样就不合格项目再进行试验。如果2个试样均合格，则该批电缆符合标准要求；如果2个试样中仍有一个不符合规定要求，进一步抽样和试验应由供需双方商定。

a）结构尺寸检查。对电缆结构尺寸进行检查，检查的内容包括测量绝缘厚度，检查导体结构，检测外护层和金属护套厚度。

b）导体直流电阻试验。导体直流电阻可在整盘电缆上或短段试样上进行测量。在成盘电缆上进行测量时，被试品应置于室内至少 12h 后再进行测试，如对导体温度是否与室温相符有疑问，可将试样置测试室内存放时间延至 24h。如采用短段试样进行测量时，试样应置于温度控制箱内 1h 后方可进行测量。导体直流电阻符合相关规定为合格。

c）电容试验。在导体和金属屏蔽层之间测量电容，测量结果应不大于设计值的 8%。

d）交联聚乙烯绝缘热延伸试验。热延伸试验用于检查交联聚乙烯绝缘的交联度。试验结果应符合相关标准。

2.10.3.2.3　电缆附件例行试验

a）密封金具、瓷套或环氧套管的密封试验。试验装置应将密封金具、瓷套或环氧套管试品两端密封。制造厂可根据适用情况任选压力泄漏试验和真空漏增试验中的一种进行试验。

b）预制橡胶绝缘件的局部放电试验。按照规定的试验电压进行局部放电试验，测得的结果应符合技术标准要求。

c）预制橡胶绝缘件的电压试验。试验电压应在环境温度下使用工频交流电压，试验电压应逐渐地升到 2.5U0，然后保持 30min，试品应不被击穿。

2.10.3.2.4　电缆附件抽样试验

电缆附件验收，可按抽样试验对产品进行验收。抽样试验项目和程序如下：

a）对于户内终端和接头进行 1min 干态交流耐压试验，户外终端进行 1min 淋雨交流耐压试验；

b）常温局部放电试验；

c）3 次不加电压只加电流的负荷循环试验；

d）常温下局部放电试验；

e）常温下冲击试验；

f）15min 直流耐压试验；

g）4h 交流耐压试验；

h）带有浇灌绝缘剂盒体的终端头和接头进行密封试验和机械强度试验。

2.11　站用交直流电源系统交接验收

2.11.1　适用范围

本章节适用于 35kV 及以上站用交直流电源系统验收指导工作。

2.11.2　验收分工及验收内容

2.11.2.1　根据验收分工，站用交直流电源系统验收分为两个专业班组开展

根据验收分工，站用交直流电源系统验收分为交直流专业组验收和变电运维组验收。

2.11.2.2 人员要求

a）站用交直流电源系统验收由所属管辖单位运检部选派相关专业技术人员参加；

b）站用交直流电源系统验收负责人应为从事交直流专业的班组长或技术专责。

2.11.2.3 验收内容

2.11.2.3.1 交直流专业组（表2－43至表2－45）

表2－43 站用交流电源系统验收（400V配电屏柜）标准表

<table>
<tr><td rowspan="3">站用交流电源系统基础信息</td><td>工程名称</td><td></td><td>设计单位</td><td></td></tr>
<tr><td>设备型号</td><td></td><td>验收单位</td><td></td></tr>
<tr><td>验收人员</td><td></td><td>验收日期</td><td></td></tr>
</table>

序号	验收项目	验收标准	备注
1	站用电接线方式	站用交流电低压系统应采用三相四线制，系统的中性点直接接地。当任一台站用变退出时，备用站用变应能自动切换至失电的工作母线段继续供电。 220kV及以上变电站站用电接线应采用单母线单分段方式，110kV及以下可采用单母线接线方式。	
2	供电方式要求	a）站用电负荷宜由站用配电屏柜直配供电，对重要负荷（如主变压器冷却器、低压直流系统充电机、不间断电源、消防水泵）应采用双回路供电，且接于不同的站用电母线段上，并能实现自动切换。 b）断路器、隔离开关的操作及加热负荷，可采用双回路供电方式。 c）检修电源网络宜采用按配电装置区域划分的单回路分支供电方式。	
3	外观检查	a）设备铭牌齐全、清晰可识别、不易脱色。 b）运行编号标识清晰可识别、不易脱色。 c）相序标识清晰可识别、不易脱色。 d）设备外观完好、无损伤，屏柜漆层应完好、清洁整齐。 e）分、合闸位置指示清晰正确，计数器清晰正常。 f）配电柜无异常声响。	
4	环境检查	a）交流配电室环境温度不超过40℃，且在24h一个周期的平均温度不超过35℃，下限为－5℃；最高温度为40℃时的相对湿度不超过50%。 b）交流配电室应有温度控制措施，应配备通风、除湿防潮设备，防止凝露导致绝缘事故。	
5	屏柜安装	a）屏柜上的设备与各构件间连接应牢固，在振动场所，应按设计要求采取防振措施，且屏柜安装的偏差应在允许范围内。 b）紧固件表面应镀锌或用其他防腐蚀材料处理。	

（续表）

序号	验收项目	验收标准	备注
6	成套柜安装	a）机械闭锁、电气闭锁应动作准确、可靠。 b）动触头与静触头的中心线应一致，触头接触紧密。 c）二次回路辅助开关的切换接点应动作准确，接触可靠。	
7	抽屉式配电柜安装	a）接插件应接触良好，抽屉推拉应灵活轻便，无卡阻、碰撞现象，同型号、同规格的抽屉应能互换。 b）抽屉的机械联锁或电气联锁装置应动作正确、可靠。 c）抽屉与柜体间的二次回路连接可靠。	
8	屏柜接地	a）屏柜的接地母线应与主接地网连接可靠。 b）屏柜基础型钢应有明显且不少于两点的可靠接地。 c）装有电器的可开启门应采用截面不小于 $4mm^2$ 且端部压接有终端附件的多股软铜线与接地的金属构架可靠连接。	
9	防火封堵	a）电缆进出屏柜的底部或顶部以及电缆管口处应进行防火封堵，封堵应严密。 b）站用电低压侧交流进线主电源电缆及重要回路双电源动力电缆不宜从同一屏柜进出。	
10	清洁检查	装置内应无灰尘、铁屑、线头等杂物。	
11	屏柜电击防护	a）每套屏柜应有防止直接与危险带电部分接触的基本防护措施，如绝缘材料提供基本绝缘、挡板或外壳。 b）每套屏柜都应有保护导体，便于电源自动断开，防止屏柜设备内部故障引起的后果，防止由设备供电的外部电路故障引起的后果。 c）是否按设计要求采用电气隔离和全绝缘防护。	
12	开关及元器件	a）开关及元器件质量应良好，型号、规格应符合设计要求，外观应完好，且附件齐全，排列整齐，固定牢固，密封良好。 b）各器件应能单独拆装更换且不应影响其他电器及导线束的固定。 c）发热元件宜安装在散热良好的地方；两个发热元件之间的连线应采用耐热导线。 d）熔断器的规格、断路器的参数应符合设计及极差配合的要求。 e）带有照明的屏柜，照明应完好。	
13	二次回路接线	a）应按设计图纸施工，接线应正确。 b）导线与元件间采用螺栓连接、插接、焊接或压接等，均应牢固可靠，盘、柜内的导线不应有接头，导线芯线应无损伤。 c）电缆芯线和所配导线的端部均应标明其回路编号，编号应正确，字迹清晰且不易脱色。 d）配线应整齐、清晰、美观，导线绝缘应良好；电源类绝缘为耐火材料且截面不小于 $2.5mm^2$，无损伤。 e）每个接线端子的每侧接线宜为 1 根，不得超过 2 根。对于插接式端子，不同截面的 2 根导线不得接在同一端子上；对于螺栓连接端子，当接 2 根导线时，中间应加平垫片。	

（续表）

序号	验收项目	验收标准	备注
14	图实相符	检查现场是否严格按照设计要求施工，确保图纸与实际相符。	
15	备用自投功能	备自投功能正常，实现自动切换功能。	
16	欠压脱扣功能	a）原则上设计不做欠压脱扣要求。 b）验证失电脱扣功能，如确需安装欠压脱扣，应设置一定延时，防止因站用电系统一次侧电压瞬时跌落（降低）而造成脱扣。	
17	通电检查	a）分合闸时对应的指示回路指示正确，储能机构运行正常，储能状态指示正常，输出端输出电压正常，合闸过程无跳跃。 b）电压表、电流表、电能表及功率表指示应正确。 c）开关、动力电缆接头处等无异常温升、温差，所有元器件工作正常。 d）手动开关挡板的设计应使开合操作对操作者不产生危险。 e）机械、电气联锁装置动作可靠。 f）站用变低压侧开关、母线分段开关等回路的操作电器，应具备遥控功能。	
站用交流电源系统400V配电屏柜交接试验			
18	绝缘电阻试验	测量低压电器连同所连接电缆及二次回路的绝缘电阻值，不应小于1MΩ；配电装置及馈电线路的绝缘电阻值不应小于0.5MΩ。	
19	过载和接地故障保护继电器动作试验	过载和接地故障保护继电器，继电器通以规定的电流值，继电器应能动作可靠。	
20	遥测、遥信	站用交流电源系统的异常动作、母线电压、站用交流电源柜的进线断路器位置及电流等信息应上传到调控中心。	
21	试验数据的分析	试验数据应通过显著性差异分析法和横纵比分析法进行分析，并提出意见。	

表2-44　站用交流电源系统验收（UPS不间断电源系统）标准表

站用交流电源系统基础信息	工程名称		设计单位	
	设备型号		验收单位	
	验收人员		验收日期	

序号	验收项目	验收标准	备注
1	外观检查	a）设备铭牌齐全、清晰可识别、不易脱色。 b）负荷开关位置正确，指示灯正常。 c）不间断电源装置风扇运行正常。 d）屏柜内各切换把手位置正确。	
2	标识检查	设备内的各种开关、仪表、信号灯、光字牌、母线等，应有相应的文字符号作为标识，并与接线图上的文字符号一致，要求字迹清晰易辨、不褪色、不脱落、布置均匀、便于观察。	

（续表）

<table>
<tr><th>序号</th><th>验收项目</th><th>验收标准</th><th>备注</th></tr>
<tr><td>3</td><td>指示仪表</td><td>输出电压、电流正常，装置面板指示正常，无电压、绝缘异常告警。</td><td></td></tr>
<tr><td>4</td><td>运行方式</td><td>a）检修旁路功能不间断电源系统正常运行时，由站用交流电源系统供电；当交流输入电源中断或整流器故障时，由站内直流电源系统供电。
b）不间断电源系统交流供电电源应采用两路来自不同电源点的供电。
c）不间断电源系统应具备运行旁路和独立旁路。</td><td></td></tr>
<tr><td>5</td><td>报警及保护功能要求</td><td>当发生下列情况时，设备应能发出报警信号：
a）交流输入过电压、欠电压、缺相。
b）交流输出过电压、欠电压。
c）UPS 装置故障。</td><td></td></tr>
<tr><td>6</td><td>隔直措施</td><td>装置应采用有效隔直措施。</td><td></td></tr>
<tr><td>7</td><td>装置防雷及接地</td><td>应加装防雷（强）电击装置，柜机及柜间电缆屏蔽层应可靠接地。</td><td></td></tr>
<tr><td>8</td><td>图实相符</td><td>检查现场是否严格按照设计要求施工，确保图纸与实际相符。</td><td></td></tr>
<tr><td>9</td><td>并机均流性能</td><td>具有并机功能的 UPS 在额定负载电流的 50％～100％范围内，其均流不平衡度应不超过±5％。</td><td></td></tr>
<tr><td>10</td><td>过电压和欠电压保护</td><td>a）当输入过电压时，装置应具有过电压关机保护功能或输入自动切换功能，输入恢复正常后，应能自动恢复原工作状态。
b）当输入欠电压时，装置应具有欠电压保护功能或输入自动切换功能，输入恢复正常后，应能自动恢复原工作状态。</td><td></td></tr>
<tr><td>11</td><td>性能试验</td><td>a）稳压精度范围为±3％。
b）同步精度范围为±2％。
c）输出频率为（50±0.2）Hz。
d）电压不平衡度（适用于三相输出 UPS）≤5％。
e）电压相位偏差（适用于三相输出 UPS）≤3°。
f）电压波形失真度≤3％。</td><td></td></tr>
<tr><td>12</td><td>总切换时间试验</td><td>在额定输入和额定阻性负载（平衡负载）时，人为模拟各种切换条件，其切换时间应满足以下规定：
<table>
<tr><td rowspan="6">总切换时间</td><td rowspan="2">冷备用模式</td><td>旁路输出＝＝＞逆变输出</td><td>≤10ms</td></tr>
<tr><td>逆变输出＝＝＞旁路输出</td><td>≤4ms</td></tr>
<tr><td rowspan="2">双变换模式</td><td>交流供电＜＝＝＞直流供电</td><td>0</td></tr>
<tr><td>旁路输出＜＝＝＞逆变输出</td><td>≤4ms</td></tr>
<tr><td rowspan="2">冗余备份模式</td><td>串联备份，主机＜＝＝＞从机</td><td rowspan="2">≤4ms</td></tr>
<tr><td>并联备份，双机相互切换</td></tr>
</table></td><td></td></tr>
</table>

（续表）

序号	验收项目	验收标准	备注
13	通信接口试验	试验与变电站监控系统通信接口连接正常，设备运行状况、异常报警、负荷切换及电源切换等遥测、遥信信息能正确传输至监控系统中。	
14	持续运行试验	持续运行 72h，装置运行正常，无中断供电、元件及端子发热等异常情况。	

表 2-45　站用直流电源系统验收标准表

站用直流电源系统基础信息	工程名称		设计单位	
	设备型号		验收单位	
	验收人员		验收日期	

序号	验收项目	验收标准	备注
外观及运行方式检查验收			
1	外观检查	a）屏上设备完好无损伤，屏柜无刮痕，屏内清洁无灰尘，设备无锈蚀。 b）屏柜安装牢固，屏柜间无明显缝隙。 c）直流空开上端头应分别从端子排引入，不能在空开上端头并接。 d）保护屏内设备、空开标示清楚正确。 e）检查屏柜电缆进口，应封堵严密。	
2	运行方式检查	a）两组蓄电池的变电站直流母线应采用分段运行的方式，并在两段直流母线之间设置联络断路器或隔离开关，正常运行时断路器或隔离开关处于断开位置。 b）每段母线应分别采用独立的蓄电池组供电，每组蓄电池和充电装置应分别接于一段母线上。 c）装设第三台充电装置时，其可在两段母线之间切换，任何一台充电装置退出运行时，即可投入第三台充电装置。 d）每套充电装置应有两路交流输入，互为备用并可自动切换。 e）直流馈出网络应采用辐射状供电方式。双重化配置的保护装置直流电源应取自不同的直流母线段，并用专用的直流空开供出。	
二次接线检查验收			
3	图实相符	二次接线美观整齐，电缆牌标识正确，挂放正确齐全，核对屏柜接线与设计图纸应相符。	

（续表）

序号	验收项目	验收标准	备注
4	电缆及端子排检查	a）一个端子上最多接入线芯截面相等的两芯线，所有二次电缆及端子排二次接线的连接应可靠，芯线标识管齐全、正确、清晰，与图纸设计一致。 b）两组蓄电池的电缆应采用阻燃电缆且应分别铺设在各自独立的通道内，尽量避免与交流电缆并排铺设，在穿越电缆竖井时，两组蓄电池电缆应加穿金属套管。 c）电缆在电缆夹层应留有一定的裕度。	
5	芯线标识检查	芯线标识应用线号机打印，不能手写。芯线标识应包括回路编号、本侧端子号及电缆编号，电缆备用芯也应挂标识管。芯线回路号的编制应符合二次接线设计技术规程中的原则和要求。	
电缆工艺检查验收			
6	控制电缆排列检查	所有控制电缆固定后应在同一水平位置剥齐，每根电缆的芯线应分别捆扎，接线按从里到外，从低到高的顺序排列。电缆芯线接线端应制作缓冲环。	
7	电缆标签检查	电缆标签应使用电缆专用标签机打印。电缆标签的内容应包括电缆号、电缆规格、本地位置、对侧位置。电缆标签悬挂应美观一致，以利于查线。	
二次接地检查验收			
8	屏蔽层检查	所有隔离变压器（电压、电流、直流逆变电源、导引线保护等）的一次线圈和二次线圈间必须有良好的屏蔽层，屏蔽层应在保护屏可靠接地（技术协议明确要求）。	
9	屏内接地检查	屏内接地符合规范要求，屏内设一根截面为 $100mm^2$ 不绝缘铜排，电缆屏蔽、装置外壳、装置接地端子、接地端子排、电流电压互感器二次绕组接地、交流电源接地均接在铜排上，且接地线截面应不小于 $4mm^2$，而铜排与主铜网连接线截面不小于 $50mm^2$，屏柜门、屏柜间接地连线完好且接地线截面不小于 $4mm^2$。	
充电装置检查验收			
10	外观及结构检查	a）柜体外形尺寸应与设计标准符合，与现场其他屏柜保持一致。 b）柜体内紧固连接应牢固、可靠，所有紧固件均具有防腐镀层或涂层，紧固连接应有防松措施。 c）装置应完好无损，设备屏、柜的固定及接地应可靠，门应开闭灵活，开启角不小于 90°，门与柜体之间经截面不小于 $6mm^2$ 的裸体软导线可靠连接。 d）元件和端子应排列整齐、层次分明、不重叠，便于维护拆装。长期带电发热元件的安装位置在柜内上方。 e）二次接线应正确，连接可靠，标志齐全、清晰，绝缘符合要求。 f）设备屏、柜及电缆安装后，应对孔洞封堵情况和防止电缆穿管积水结冰措施进行检查。	

（续表）

序号	验收项目	验收标准	备注
11	交流输入及仪器仪表检查	a）每个成套充电装置应有两路交流输入，互为备用，当运行的交流输入失去时能自动切换到备用交流输入供电。 b）直流电压表、电流表应采用精度不低于1.5级的表计，如采用数字显示表，应采用精度不低于0.1级的表计。 c）电池监测仪应实现对每个单体电池电压的监控，其测量误差应≤2‰。 d）直流电源系统应装设有防止过电压的保护装置。 e）交流输入端应采取防止电网浪涌冲击电压侵入充电模块的技术措施。	
12	高频开关电源模块检查	a）N+1配置，并联运行方式，模块总数N不宜小于3。 b）多台高频开关电源模块开机工作时，其均流不平衡度不大于±5%。 c）监控单元发出指令时，按指令输出电压、电流，高频整流模块脱离监控单元后，可输出恒定电压给电池浮充。 d）可带电拔插更换。	
13	噪声测试	高频开关充电装置的系统自冷式设备的噪声应不大于50dB。	
14	充电装置元器件检查	a）柜内安装的元器件均有产品合格证或证明质量合格的文件。 b）导线、导线颜色、指示灯、按钮、行线槽、涂漆等符合相关标准的规定。 c）直流电源系统设备使用的指针式测量表计，其量程满足测量要求。 d）直流空气断路器、熔断器上下级配合级差应满足动作选择性的要求。 e）直流电源系统中应防止同一条支路中熔断器与空气断路器混用，尤其不应在空气断路器的上级使用熔断器，防止在回路故障时失去动作选择性。	
15	充电装置的性能试验	a）充电装置及高频开关电源模块稳压精度≤±0.5%。 b）充电装置及高频开关电源模块稳流精度≤±1%。 c）充电装置及高频开关电源模块纹波系数≤±0.5%。	
16	控制程序试验	a）试验充电装置应能自动进行恒流充电→恒压充电→浮充电的切换。 b）应能自动/手动进行均衡充电/浮充电相互切换。 c）试验控制充电装置应能自动进行恒流限压充电→恒压充电→浮充电运行状态相互切换。 d）应能手动控制均衡充电和浮充电互相切换。 e）试验充电装置应具备自动恢复功能，装置停电时间超过10min后，能自动实现恒流充电→恒压充电→浮充电工作方式相互切换。 f）恒流充电时，充电电流的调整范围为20%In～130%In（In—额定电流）。 g）恒压运行时，充电电流的调整范围为0～100%In。	

（续表）

序号	验收项目	验收标准	备注
17	充电装置的工作效率试验	高频开关电源型充电装置的效率应不小于90%。	
18	充电装置柜内电气间隙和爬电距离检查	小母线汇流排或不同极的裸露带电的导体之间，以及裸露带电导体与未经绝缘的不带电导体之间的电气间隙不小于12mm，爬电距离不小于20mm。电气间隙和爬电距离应符合相关规程要求。	
蓄电池的验收			
19	外观检查	a）蓄电池外壳无裂纹、漏液，清洁呼吸器无堵塞，极柱无松动、腐蚀现象。 b）蓄电池室、柜内应装设温度计。 c）蓄电池架、柜内的蓄电池应摆放整齐并保证足够的空间：蓄电池间不小于15mm，蓄电池与上层隔板间不小于150mm。 d）蓄电池柜体结构应能良好地通风、散热。 e）系统应设有专用的蓄电池放电回路，其直流空气断路器容量应满足蓄电池容量要求。	
20	运行环境检查	a）300Ah及以上的阀控蓄电池宜安装在专用蓄电池室内。容量300Ah以下的阀控蓄电池，可安装在电池柜内。 b）蓄电池室的门应向外开。 c）蓄电池室的照明应使用防爆灯，并至少有一个接在事故照明母线上，开关、插座、熔断器等电气元器件均应安装在蓄电池室外，室内照明线应采用耐酸绝缘导线。 d）蓄电池室的墙面、门窗及管道等金属构件等均应涂上防酸漆，地面应铺设耐酸砖。 e）蓄电池室的窗户应有防止阳光直射的措施。 f）蓄电池室应安装防爆空调，环境温度宜保持在5℃～30℃之间，最高不得超过35℃。 g）蓄电池室应分别有向内、向外排风的通风装置（设计考虑）。	
21	布线检查	布线应排列整齐，极性标志清晰正确。	
22	安装情况检查	蓄电池编号应正确，外壳清洁。	
23	资料检查	a）查出厂调试报告，检查阀控蓄电池制造厂的充电试验记录。 b）查安装调试报告，蓄电池容量测试应对蓄电池进行全核对性充放电试验。	
24	电气绝缘性能试验	a）电压为220V的蓄电池组绝缘电阻不小于200kΩ。 b）电压为110V的蓄电池组绝缘电阻不小于100kΩ。	
25	蓄电池组容量试验	蓄电池组应按表中规定的放电电流和放电终止电压规定值进行容量试验，蓄电池组应进行三次充放电循环，10h率容量在第一次循环应不低于0.95C10，在第3次循环内应达到C10。	

（续表）

序号	验收项目	验收标准	备注
26	蓄电池组极化指数检查	检查极化指数实测值与出厂试验值相比是否存在明显差别。	
27	蓄电池组性能试验	初次充电、放电容量及倍率校验的结果应符合要求，在充放电期间按规定时间记录每个电池的电压及电流以鉴定蓄电池的性能。	
28	蓄电池组冲击试验	查阅出厂蓄电池组冲击试验报告，应符合相关性能要求（条件：1h，8I10）。	
29	运行参数检查	a）检查蓄电池端电压偏差值不超过3%。 b）蓄电池内阻偏差不超过10%。 c）连接条的压降不大于8mV。	
直流系统的绝缘及绝缘监察（测）装置检查验收			
30	接地选线功能检查	合上所有负载开关，分别模拟直流Ⅰ母正、负极接地。电压为220V用25K、电压为110V用15K，Ⅱ母电压应正常，以确定直流Ⅰ、Ⅱ段间没有任何电气联系，装置应发出声光报警并选取接地支路。	
31	装置绝缘试验	直流电源装置的直流母线及各支路绝缘应不小于10MΩ。	
32	交流测记及报警记忆功能检查	绝缘监测装置具备交流窜直流测记及报警记忆功能。	
其他功能性验收			
33	直流母线电压和电压监察（测）装置检查验收	a）当直流母线电压低于或高于整定值时，应发出欠压或过压信号及声光报警。 b）能够显示设备正常运行参数，实际值与设定值、测量值误差应符合相关规定。 c）人为模拟故障，装置应发信号报警，动作值与设定值应符合产品技术条件规定。	
34	负荷能力试验	设备在正常浮充电状态下运行，投入冲击负荷，直流母线上电压不低于直流标称电压的90%。	
35	连续供电试验	设备在正常运行时，切断交流电源，直流母线连续供电，直流母线电压波动，瞬间电压不得低于直流标称电压的90%。	
36	通讯功能试验	a）遥信：人为模拟各种故障，应能通过与监控装置通信接口连接的上位计算机收到各种报警信号及设备运行状态指示信号。 b）遥测：改变设备运行状态，应能通过与监控装置通信接口连接的上位计算机收到装置发出当前运行状态下的数据。	
37	母线电压调整功能试验	检查设备内的调压装置的手动调压功能和自动调压功能。采用无级自动调压装置的设备，应有备用调压装置。当备用调压装置投入运行时，直流（控制）母线应连续供电。	
38	备品备件检查	备品备件与备品备件清单核对检查应无误。	

2.11.2.3.2 变电运维组（表2-46）

表2-46 站用交直流电源变电运维验收标准表

序号	验收项目	验收标准	备注
1	订货合同、技术协议	资料齐全。	
2	安装使用说明书，图纸、维护手册等技术文件	资料齐全。	
3	重要附件的工厂检验报告和出厂试验报告	资料齐全，数据合格。	
4	出厂试验报告	资料齐全，数据合格。	
5	工厂监造报告	资料齐全。	
6	安装质量检验及评定报告	记录齐全，数据合格。	
7	安装检查及安装过程记录	记录齐全，符合安装工艺要求。	
8	安装过程中设备缺陷通知单、设备缺陷处理记录	记录齐全。	
9	交接试验报告	项目齐全，数据合格。	
10	变电工程投运前电气安装调试质量监督检查报告	资料齐全。	
11	根据合同提供的专用工器具、备品备件	按清单进行清点验收。	

2.11.3 验收要点及条款要求

2.11.3.1 交流配电屏进线缺相自投试验

验收要点：

交流配电屏进线自投试验应逐相开展。

2.11.3.2 备自投功能验收

验收要点：

a）站用低压工作母线间装设自动投入装置时，应具备低压母线故障闭锁备自投功能。

案例：2012年，某变电站施工单位进行备用变压器滤油工作时，滤油施工现场用电设备或电缆存有原因不明的单相接地故障，其临时施工检修电源箱内的断路器未跳闸，站内交直流配电室的400A分支断路器未跳闸，导致所变次级开关越级跳闸。由于该变电站所变备自投装置不具备400V母线故障闭锁备自投功能，导致两台分段开关由于备自投装置动作相继合上，三台所变次级开关又由于低压侧故障依次跳开，最终导致全站交流失电。

b）变电站内如没有对电能质量有特殊要求的设备，应尽快拆除低压脱扣装置；若需装设低压脱扣装置，应将低压脱扣装置更换为具备延时整定和面板显示功能的低压脱扣装置。延时时间应与系统保护和重合闸时间配合，躲过系统瞬时故障。

案例：2007 年 7 月，35kV 某变电站因雷雨天气造成所用变高压侧电网电压严重波动引起所变次级 3QF、4QF 空气开关失压装置动作（属正常动作）而造成 3QF、4QF 空气开关跳闸。由于 3QF、4QF 开关有自投功能，瞬时自投成功，此时电源系统一切动作正常。

但交流屏所有的馈线开关自带失压脱扣功能且未设置延时，所以所有的负荷开关瞬时跳闸。由于该开关必须手动复归，在交流母线再次来电时不能自动投入，从而导致交流馈线屏所有出线开关全部失电。

c）在两路进线同时失电后，站用交流电源系统备自投装置应具备上级电源得电自动投入功能。

案例：110kV 某变电站安装 2 台主变，配置 2 台接地变兼站用变，分别接于该站 10kVⅠ、Ⅱ母线上；110kV 进线两条，采用进线备投方式。2014 年 11 月，该变电站主供电源 110kV 马乔Ⅰ线发生短路故障，变电站短时全站失电，同时失去站用电。备用 110kV 线投入成功后，因交流屏切换回路设计不合理，设计时仅考虑单路电源失去备自投功能，未考虑双路电源短时失去备自投功能，从而造成所用电未能自动投入，全站所用电电源消失。

d）宜预留设置应急电源接入点。

ATS 切换装置采用直流电源作为工作电源的，应能在直流电源失电时保持原工作状态。

两台站用变分列运行的变电站，电源环路中应设置明显断开点，并做好安全措施，不允许两台站用变合环运行，站用变一次接线路如图 2－1 所示。

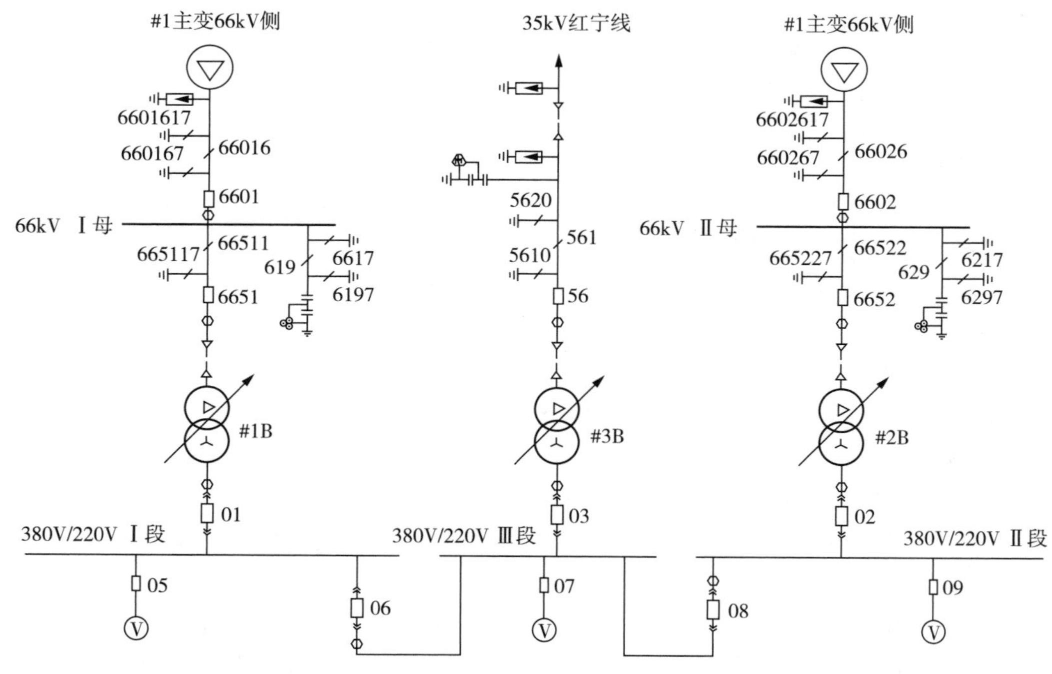

图 2－1　站用变一次接线路

案例：2014 年 5 月，某 110kV 变电站 1 号所变次级跳闸，检修人员随即对交流屏处进行检查，发现所用电 I 段交流母线仍然有电，判断 I、II 段交流母线已并列运行（即两台所变通过负载并列运行）。检查 I、II 段交流母线各负载开关的运行情况后发现，当 I、II 段交流母线支路存在并列运行，两台所变之间的环流较大时，由于 1 号所变次级开关保护整定值过小，会导致 1 号所变次级开关跳闸（图 2－2）。

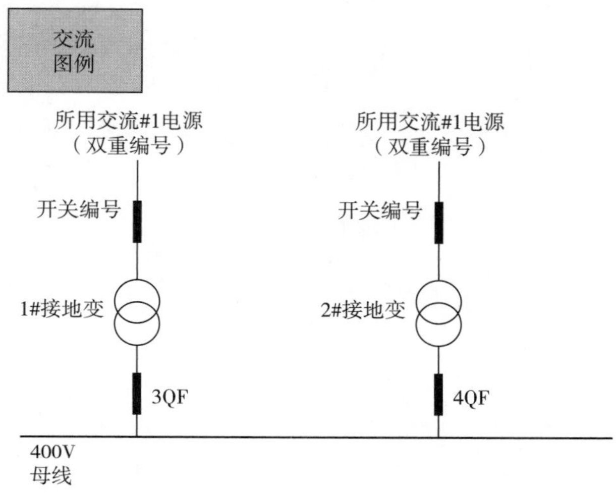

图 2－2　所用电接线图

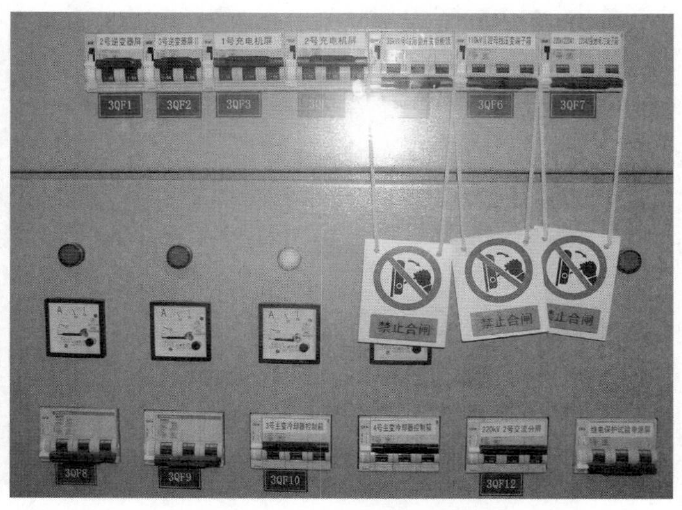

图 2－3　环路电源空开

2.11.3.3　站用交流系统空气断路器、熔断器上下级配合级差应满足动作选择性的要求

验收要点：

a）站用交流电源柜的进线断路器容量应按照设计计算的短路电流要求选择，馈线断路器应按照 1.2 倍及以上负载额定电流选择。

b）站用交流电源系统保护层级设置不应超过四层，馈线断路器上下级之间的级差配合不应少于两级。

c）设计图纸中应包含站用电交流系统图，图中应标明级差配合及交流环路。

d）站用变低压总断路器宜带延时动作，馈线断路器宜先于总断路器动作，上下级保护电器应保持级差，决定级差时应计及上下级保护电器动作时间的误差。

案例：2013 年 2 月，500kV 某变电站 500 千伏Ⅱ段线复役操作过程中，5011 汇控柜内加热器内部故障，与该加热器空开相连的三级空开均同时跳闸，导致整串交流环路电源消失（图 2－3）。检查发现三级空开选型时虽脱扣电流已经考虑级差（依次是 C16、K40、C63），但 C 型曲线和 K 型曲线在 8 倍以上大电流时存在重叠区，故支路大电流故障时将导致越级跳闸（图 2－4）。

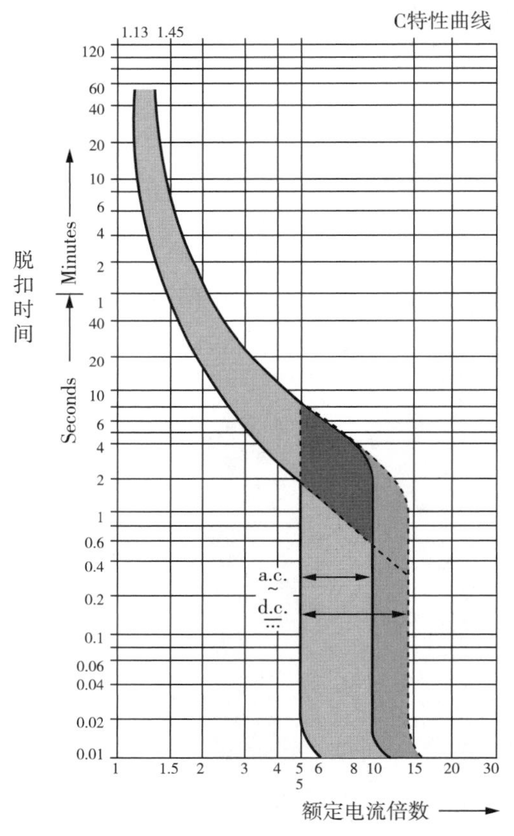

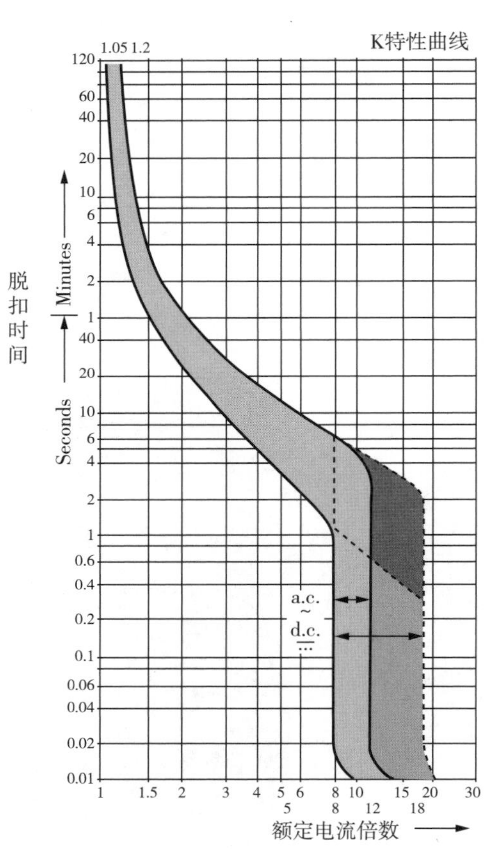

图 2－4　C 型、K 型脱扣曲线对比

2.11.3.4　站用直流系统运行方式验收

验收要点：

a）330kV 及以上电压等级变电站及重要的 220kV 变电站应采用三台充电、浮充电装置，第三台充电装置（备用充电装置）可在两段母线之间切换，任一工作充电装置退出运行时，手动投入第三台充电装置。

b）直流系统对负载供电，66kV 及以上应按电压等级设置分电屏供电方式，不应采用直流小母线供电方式。直流系统的馈出网络应采用辐射状供电方式，严禁采用环状供电方式。

c）35kV 及以下开关柜每段母线采用辐射供电方式，即在每段柜顶设置一组直流小母线，每组直流小母线由一路直流馈线供电，开关柜配电装置由柜顶直流小母线供电。

d）直流断路器应具有瞬时电流速断和反时限过电流保护，当不满足选择性保护配合时，可增加短延时电流速断保护。

案例：2014 年 6 月 18 日 16 时，国网××电力所辖 330kV×××变电站 110kV 嘉汉线、果汉线故障跳闸，330kV×××变电站 110kV 系统保护和控制直流电源消失，330kV×××变电站所供 15 座 110kV 变电站、5 座铁路牵引变停电，嘉峪关、酒泉地区损失负荷 9.2 万 kW，停电用户达 17.227 万户。嘉峪关变采用直流小母线供电，其中 330kV 为两段分裂供电，110kV 为单段供电，110kV 保护、控制采用同一直流小母线，违反《国家电网公司十八项电网重大反事故措施》5.1.1.10、5.1.1.11 和 5.1.1.12 条的规定（5.1.1.10 变电站直流系统的馈出网络应采用辐射状供电方式，严禁采用环状供电方式；5.1.1.11 直流系统对负载供电，应按电压等级设置分电屏供电方式，不应采用直流小母线供电方式；5.1.1.12 直流母线采用单母线供电方式时，应采用不同位置的直流开关，分别带控制用负荷和保护用负荷）。110kV 直流回路中串接带熔断器的闸刀，在已退运的中央信号继电器屏内存在直流运行回路，增加了直流系统故障风险。现场图实不符，通过对设计图和现场核查，×××变电站 110kV 直流系统实际接线与设计图纸不符，给变电站运维及事故快速处置造成了困难（图 2-5）。

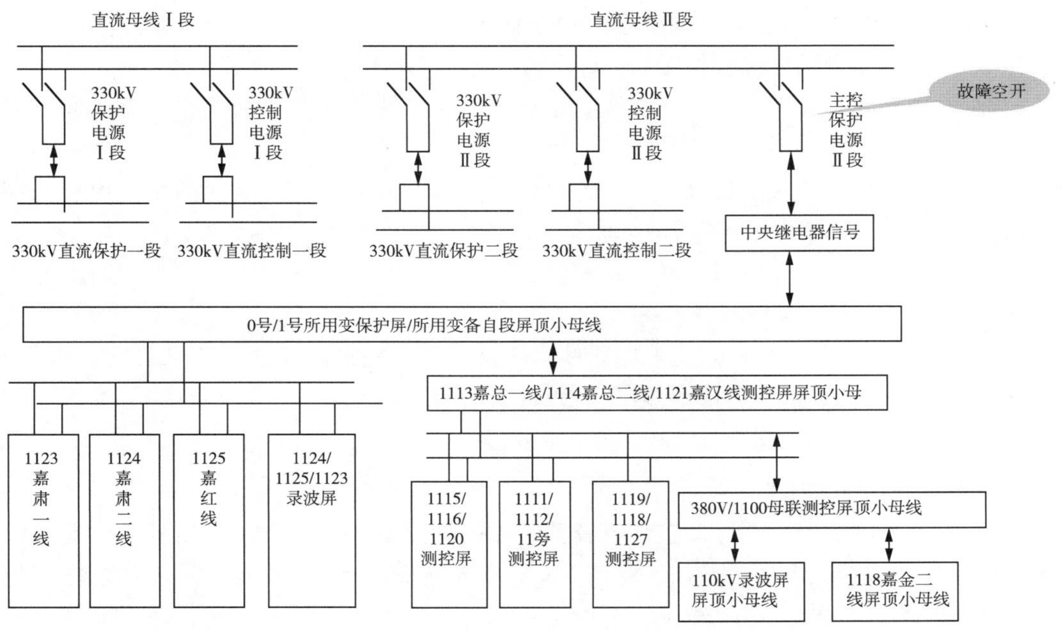

图 2-5　直流系统关实际接线示意图

2.11.3.5　站用直流电源系统运行环境验收

验收要点：

a）300Ah 及以上的阀控式蓄电池组应安装在各自独立的专用蓄电池室内，不能满足要求的，应在不同蓄电池组间设置防火隔断措施。

案例：2015 年 11 月，某变电站某蓄电池组由于老化，内部发生短路而引起燃烧。经查，蓄电池组未安装在专用蓄电池室内，导致变电站主控室及保护室室内有大量浓烟，与蓄电池屏相邻的多个装置被烧毁（图 2－6）。

图 2－6　蓄电池烧毁图

b）直流系统的电缆应采用阻燃电缆，蓄电池组电缆应尽量避免与交流电缆并排铺设，并沿最短路径敷设。两组及以上蓄电池组电缆，应分别铺设在各自独立的通道内，在穿越电缆竖井时，两组蓄电池电缆应加穿金属套管。

c）直流电源运行环境宜控制在 5℃～30℃之间。

d）蓄电池室的位置，应选择在无高温、无潮湿、无震动、少灰尘、避免阳光直射的场所。

e）蓄电池室应使用防爆型照明、排风机及空调，开关、熔断器和插座等应装在蓄电池室的门外，室内照明线宜穿管暗敷。

f）蓄电池室的门应向外开启，应采用非燃烧体或难燃烧体的实体门，门的尺寸不应小于 750mm×1960mm（宽×高）。

g）蓄电池室不应有与蓄电池无关的设备和通道。与蓄电池室相邻的直流配电间、电气配电间、电气继电器室的隔墙不应留有门窗及孔洞。

2.11.3.6　充电装置及绝缘监察装置验收及重要元器件抽检

验收要点：

a）对于充电装置、绝缘监察装置及蓄电池，除规定的厂家出厂试验外，应安排抽检，抽检内容包括充电装置稳流、稳压、均流等性能比对性检测；绝缘监察装置巡线、交窜直功能测试与告警功能试验；蓄电池模拟使用寿命、充放电容量、冲击电流试验和解体结构尺寸检查；直流空开安秒特性、级差配置现场测试等。新建变电站直流电源系统应在投运前由施工单位做直流断路器（熔断器）上下级级差配合试验，合格后方可投运。

b）各级断路器的保护动作电流和动作时间应满足上、下级选择性配合要求，且应有足够的灵敏系数，并满足上下级级差配合。

案例：2011 年 3 月 25 日，在对某 220kV 变电站某 220kV 线路进行检修工作时，该线路间隔装置电源发生短路，造成该线路间隔第一套保护装置电源断路器跳闸，因空开级差配置不合理，同时造成上一级直流馈线屏进线断路器跳闸，致使该站部分间隔装置电源消失，保护、测控装置电源失电。

c）配置两段直流母线的新建变电站，直流系统绝缘监测装置应具备直流互窜监测告警功能。

案例：某 220kV 变电站直流电源母线绝缘异常告警，现场测量直流Ⅰ段母线正极对地电压约 42V，负极对地电压约－181V，Ⅱ母线测量数据与直流Ⅰ段母线完全一致。经查，变压器就地端子箱有两电源公共端连接片存在破损及互相搭接现象，核实两电源分别接Ⅰ段直流母线电源变压器保护 C 屏和直流Ⅱ段母线电源的主变冷却器控制开入回路（为 24V 直流公共端），导致Ⅱ段直流电源母线经过一套 DC220V/24V 电源模块以 24V 搭接Ⅰ段直流母线电源的 110V 端子上，从而出现跨级的直流窜接故障。

2.11.3.7　二次回路验收

验收要点：

电缆及端子排二次接线的连接应牢固可靠，端子排及芯线标志齐全、正确、清晰，与图纸设计一致。芯线标志应包括回路编号、本侧端子号及电缆编号，电缆备用芯也应挂标志管并加装绝缘线帽。

案例：2014 年 3 月，220kV 某变电站投产验收过程中，当在Ⅱ段直流母线试验接地时，两套直流系统的绝缘监测装置均报直流接地告警信号，且Ⅰ段始终为正极接地；当在Ⅰ段直流母线试验接地时，只有Ⅰ段的绝缘监测装置有接地告警信号。经查，施工单位没有按照设计图纸接线，两段母线的告警信号共用Ⅰ段的正极，当Ⅱ段绝缘装置告警时，节点 K_2 闭合，两段母线异极环网（Ⅰ段正极与Ⅱ段负极），所以无论Ⅱ段是正极接地还是负极接地，只要Ⅱ段的装置告警，Ⅰ段总报正极接地（图 2－7）。

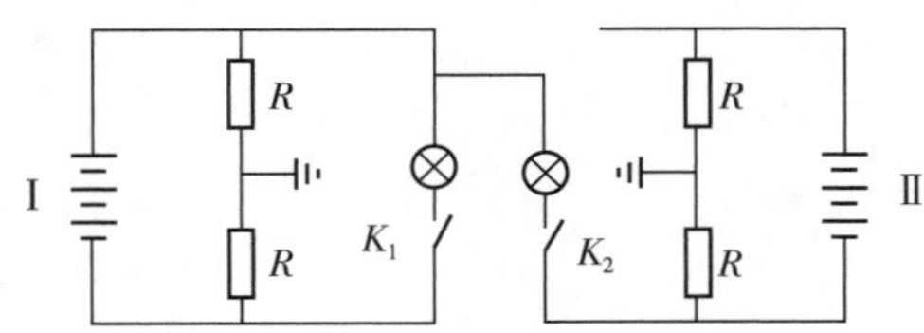

图 2－7　两段母线的告警信号共用Ⅰ段的正极示意图

2.11.3.8　蓄电池交接试验和指标性检测

验收要点：

a）蓄电池组全容量核对性充放电，蓄电池单体电压不一致性的数量超过整组数量的 5%，或经三次充放电仍达不到 100%的标称容量，应整组更换。

b）蓄电池内阻测试，蓄电池单体电池内阻值应与制造厂提供的阻值一致，允许偏差范围为±10%。

案例：某110kV变电站在基建验收时，用内阻测试仪测试蓄电池内阻，经多次测量发现其中一只蓄电池内阻值偏大，偏差达到19%。经查，该蓄电池螺丝弹簧压片没有紧固，存在间隙，用力矩扳手重新紧固后，再次用内阻测试仪测试，测试结果符合要求，排除隐患。

c）阀控式蓄电池在浮充运行中电压偏差值、开路状态下最大最小电压差值及放电终止电压值应满足规定值。

2.11.3.9　资料交接验收

验收要点：

a）设计图纸中应包含交/直流电源系统图，图中应标明断路器、熔断器级差配合参数。

b）改扩建工程结束后，涉及交/直流回路调整的，应及时更新现场交/直流电源系统接线图。

第3章　变电工程交接验收典型案例与分析

3.1　110kV GIS 用电压互感器动静触头装配工艺不良导致合闸放电异音

3.1.1　案例简介

2017 年 5 月 31 日，某 110kV 开关站运行人员对该站新扩建 110kV Ⅱ母 PT 间隔进行投运工作（表 3-1）。6 月 1 日在对Ⅱ段母线进行充电后，发现新建Ⅱ母 PT 间隔中有异音，运行人员立即停止投运并进行故障排查。对该间隔所有到汇控柜二次接线逐一排查，未发现异常。

2017 年 6 月 1 日进行第二次投运工作。在对Ⅱ段母线充电后，发现新建Ⅱ母 PT 间隔 11217 接地刀闸、11299 隔离开关气室仍有异音，并 11299 隔离开关与母线侧对接处，以及♯1124 母联间隔 11242 隔离开关法兰螺栓处有放电（图 3-1）。运行人员立即停止投运工作。

图 3-1　两处外部螺栓放电点

表 3-1 GIS 设备基本信息

安装地点	110kV 某开关站	额定电压（kV）	126
产品型号	ZF12－126（L）	出厂编号	2016.8214
出厂日期	2016 年 12 月		

3.1.2 案例分析

3.1.2.1 解体检查

1）现场对 110kVⅡ母 PT 气室进行解体检查，发现 11299 隔离开关 B 相本体合闸不到位，如图 3-2 所示（合闸线在正常情况下应与静触头顶端在同一平面上，照片显示其距离静触头还有一段距离），拆除两端盆子之后发现三相动触头活动行程不同，如图 3-3 所示。

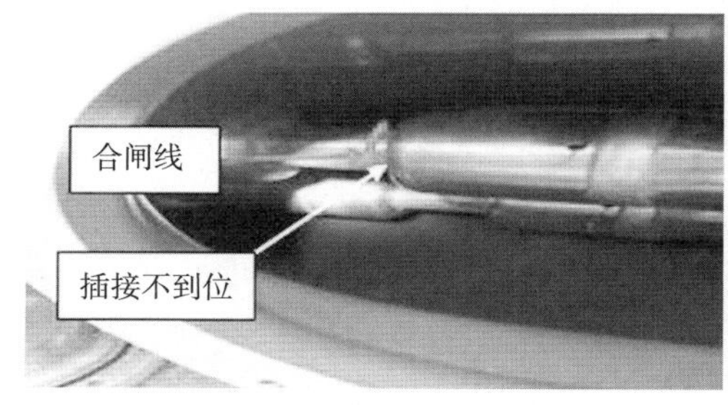

图 3-2 B 相刀闸本体合闸不到位

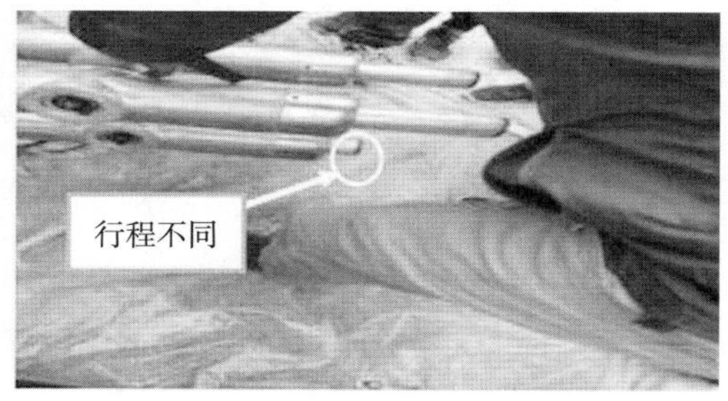

图 3-3 B 相动触头活动行程不同

2）对触头进一步检查，发现 B 相动触头有明显向下偏心情况，如图 3-4 所示；B 相动静触头均有明显的因插接不到位而导致的磨损情况，如图 3-5 所示。

3）在筒壁内部发现大小约为 $4mm^2$ 的金属碎屑一粒，如图 3-6 所示。

4）对该隔离开关气室接地刀闸检查发现，该气室 11217 接地刀闸 B 相静触头有一块黑色扇形不明痕迹，该痕迹如图 3-7 所示。经与厂家沟通，该黑色不明痕迹为该触头未全部镀银所致。

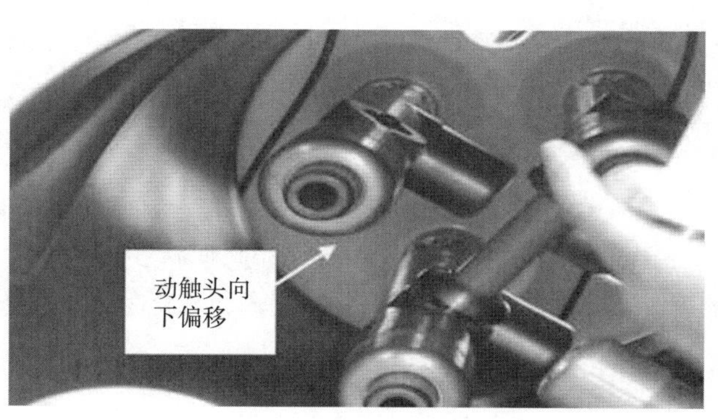

图 3-4 B 相动触头偏心

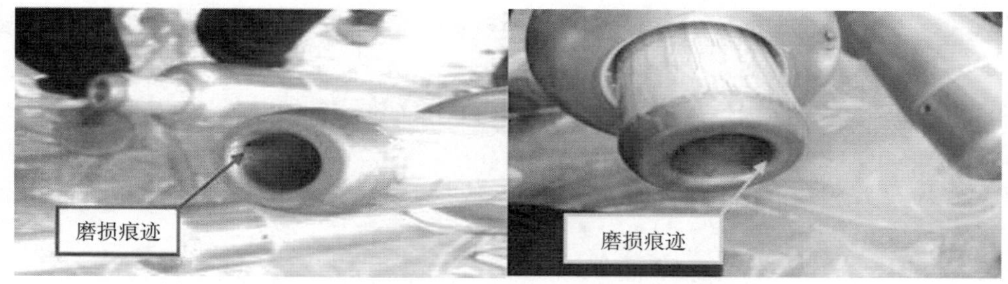

图 3-5　B相动静触头插接磨损痕迹

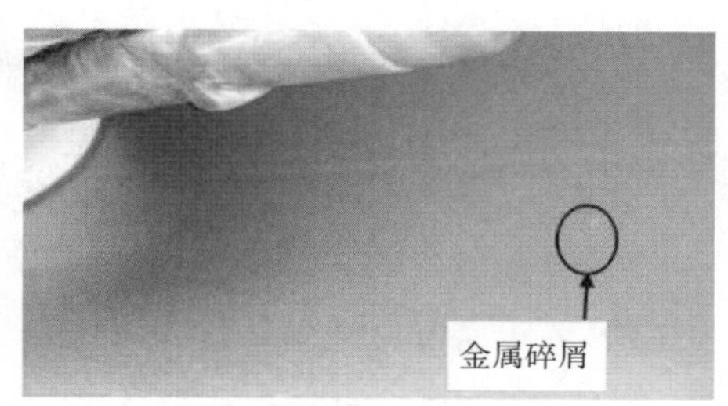

图 3-6　筒壁内发现金属碎屑一粒

图 3-7　接地刀闸静触头有黑色不明痕迹

3.1.2.2　原因分析

1）在拆除11299隔离开关气室前后，对处于合闸位置的11299隔离开关进行主回路电阻测试，检测仪器显示三相开路，无法得出测试数据。拆除机构连杆，手动关合隔离开关本体后测试出阻值，三相电阻值分别为A相94μΩ、B相125.4μΩ、C相117μΩ，远远大于出厂试验时小于50μΩ的要求。

2）针对本次外部螺栓处放电现象，对该螺栓与外壳之间进行接触导通电阻测量，测试结果（140mΩ）远远大于出厂的要求值（0.3μΩ～0.4μΩ），充分证明了该处螺栓没有按照要求值做好紧固措施，接地不可靠。紧固该处螺栓，后期投运后再未产生放电现象。

3）针对筒壁内的金属碎屑进行成分分析，并且与厂家提供的各部分元件的材料组成成分进行比对，比对结果见表3-2。

表 3-2　金属碎屑成分分析

序号	名称	材料	元素构成
1	金属碎屑	金属光泽碎屑	C（碳）、O（氧）、Al（铝）、Si（硅）、Mg（镁）等
2	壳体	铸铝硅镁合金AS7G03－Y23Ⅰ（216－2）	C（碳）、O（氧）、Al（铝）、Si（硅）、Mg（镁）等
3	瓣形触指	T2Y锻坯（红铜）	O（氧）、Cu（铜）等
4	动触头	55棒T2R（220－1）（红铜棒）	O（氧）、Cu（铜）等

该金属碎屑的成分包含C（碳）、O（氧）、Al（铝）、Si（硅）、Mg（镁）等元素，与厂家提供的筒壁材质，即铸铝硅镁合金AS7G03－Y23Ⅰ（216－2）的组成元素基本

一致，由于筒壁内部光滑，未发现筒壁内部表面脱落痕迹，判断该金属碎屑为装配过程中，由外部带入遗留在筒壁内部。

综合以上分析，本次事故原因主要是在生产装配环节，厂家没有做好相应的生产管控措施，设备出现装配工艺上的失误，B相隔离开关存在动触头偏心、传动杆脱扣等问题，导致B相动静触头插接不到位，合闸过程中动静触头之间的气隙在高电压作用下产生持续性放电，从而造成异音故障。

3.1.3 监督依据

1）《关于印发〈关于加强气体绝缘金属封闭开关设备全过程管理重点措施〉的通知》（国家电网生〔2011〕1223号）中“第二十二条 GIS装配时，制造厂应对GIS内部的螺丝进行反复拧卸，并彻底清洁螺孔内的金属物，避免其落入罐体内发生放电”。

2）GB 50147—2010《电气装置安装工程 高压电器施工及验收规范》中5.2.7“13 连接插件的触头中心应对准插口，不得卡阻，插入深度应符合产品技术文件要求；接触电阻应符合产品技术文件要求，不宜超过产品技术文件规定值的1.1倍”。

3）DL/T5222—2005《导体和电器选择设计技术规定》中“12.0.14 凡不属于主回路或辅助回路的且需要接地的所有金属部分都应接地。外壳、构架等的相互电气连接宜采用紧固连接（如螺栓连接或焊接），以保证电气上连通。接地回路导体应有足够的截面，具有通过接地短路电流的能力”。

3.1.4 经验总结

1）在设备生产装配环节中，重视GIS制造工艺的各环节审查，完善提高装配工艺、镀银工艺，提高设备的制造质量，避免再次出现相同的问题。由于设备是整体运输，因此在出厂封盖运输前，厂家应对设备内部进行详细的清洁检查工作。

2）在设备现场安装过程中，施工人员也应采取必要的防尘措施，对设备再次进行详细的检查和清洁工作，以防设备带缺陷投运。

3）针对本次解体中发现的螺栓未正确紧固、触头偏心及传动杆脱扣的现象，厂家应对设备结构设计更进一步讨论和优化，按照技术要求，采取一定手段，对设备重要元部件施行紧固措施。为了避免此类故障再次发生，监造人员在监造过程中应重点加强对设备重要元部件的检查工作。

3.2 220kV组合电器安装质量不良气室脏污导致现场交接耐压试验多次击穿

3.2.1 案例简介

2019年，为提升变压器、组合电器设备制造质量，某公司组织10支专业队伍，开展了对 14 项变电工程 27 台主变、380 间隔组合电器在制造阶段、安装调试阶段的专项技术监督工作。

220kV 某变电站 2019 年扩建 2212、2213、2217 间隔（表 3-3），设备调试阶段技术监督人员旁站时，发现交流耐压交接试验过程中多次发生放电击穿，简述如下。

2019 年 6 月 18 日，从 3# 变主变间隔套管处加压，通过 2203、5 母全段给 2212、2213、2217 间隔做工频耐压试验。C 相耐压试验在 340kV 时发生放电击穿，后重复加压，击穿电压降低至 120kV 且在 5 甲母线绝缘盆外壳出现可见电弧。A、B 相试验通过。甩开 5 母甲段，再对 5 母乙段 C 相进行工频耐压试验，击穿电压分别为 220kV 和 230kV。

2019 年 6 月 19 日，对 5 甲母线全段及与其连接的 C 相气室（一 5 气室及 PT 间隔气室）进行检修，在 2214 至 2255 的 5 甲母线回跳处水平布置盆式绝缘子发现放电点（图 3-8）。

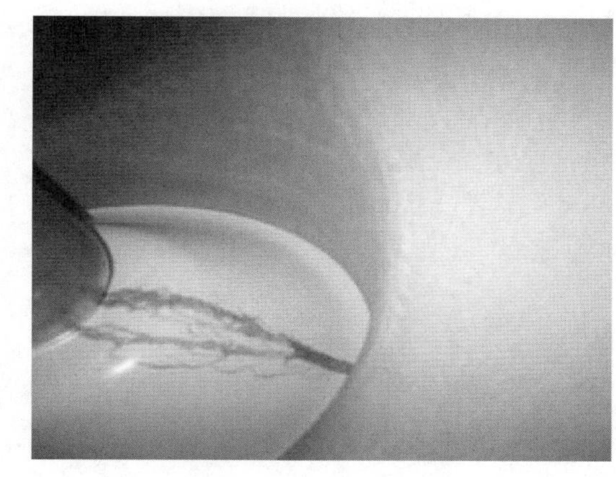

图 3-8　5 甲母线回跳 C 相盆式绝缘闪络

2019 年 6 月 25 日，进行修后工频耐压试验，耐压范围为 2212C 相、2213C 相及 5 甲母线三相。从 2211 出线加压，A 相耐压试验未通过，采用组合电器击穿定位仪定位放电击穿点在 225 甲一 9PT 间隔。对 225 甲一 9A 相刀闸气室检查，5 甲母线气室与 225 甲一 9A 相刀闸气室间水平布置的盆式绝缘子存在沿面放电痕迹（图 3-9 至图 3-10）。

2019 年 6 月 29 日，对与 5 甲母线相邻的所有 A 相气室进行清理后，对 5 甲母线进行交流耐压试验，试验合格。

图 3-9　检修后耐压 A 相放电盆子

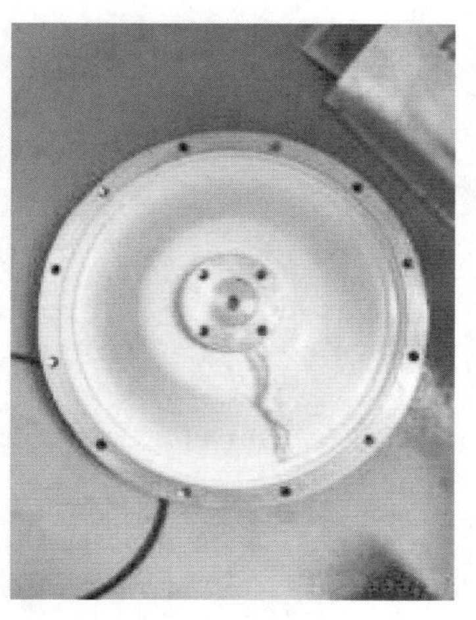

图 3-10　水平布置盆子放电痕迹

2019 年 7 月 5 日至 7 日，对与 5 乙母线连接的 C 相气室（一5 气室及 PT 间隔气室）和 5 乙母线全段检修，未发现明显放电点。2019 年 7 月 8 日，进行修后工频耐压试验，5 乙母线 A 相、C 相及 2217C 相耐压试验通过。5 乙母线 B 相第一次耐压试验电压升压至 325kV 时，发生击穿放电现象；依据标准，再次进行 B 相耐压试验，试验通过。

表 3－3　220kV 组合电器基本信息

安装地点	220kV 某变电站	产品型号	ZF19－252
出厂日期	2017 年 8 月	投运日期	2018 年 6 月

3.2.2　案例分析

现场检修时发现，吸附剂罩、母线导体、盆式绝缘子、内置特高频传感器表面存在脏污（图 3－11 至图 3－14）。

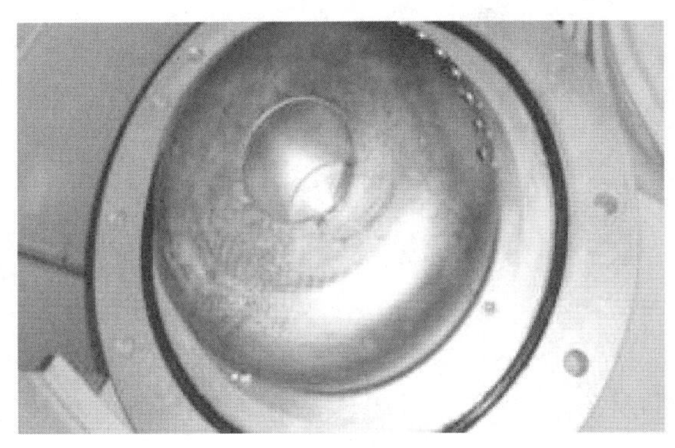

图 3－11　吸附剂罩表面脏污

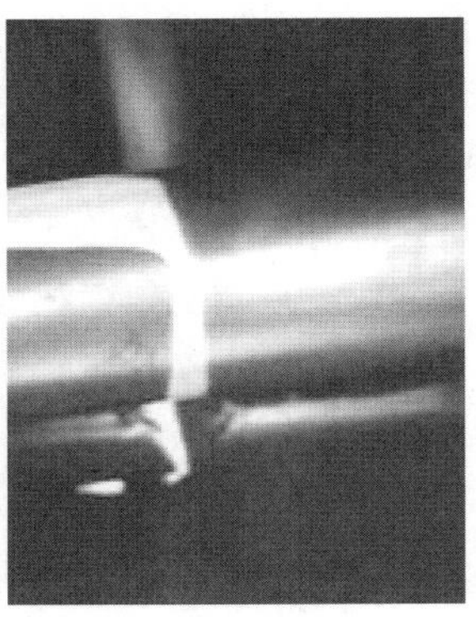

图 3－12　母线表面脏污

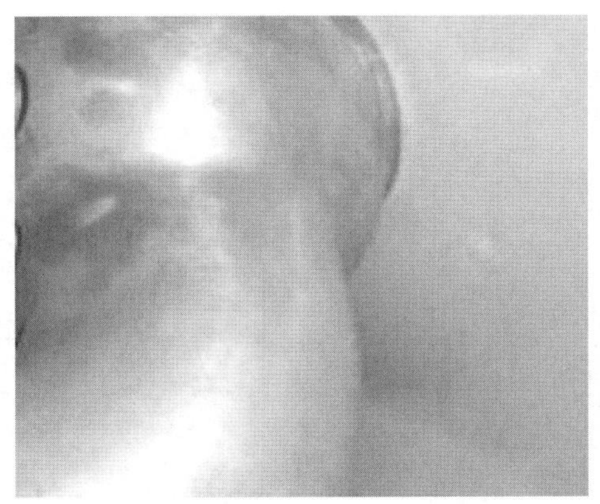

图 3－13　盆式绝缘子表面脏污

图 3－14　内置特高频传感器表面脏污

已发生闪络的绝缘盆编号分别为 MX21002－E292－21－4（回跳盆子）、MX20995－E292－6－10（PT 气室盆子），对表面进行擦除盆式绝缘子外表面爬痕处理，进行工频耐受 460kV/1min 试验，试验合格；进行局部放电试验，先预加压至460kV/1min，175kV 测量局部放电量为 1.3pC～2.7pC，试验合格。

原因分析：开盖检查验证的 2 个盆式绝缘子均为前期安装，扩建及检修过程中并未打开气室。结合现场检修时发现盆式绝缘子的表面及吸附剂罩等部件表面存在较多脏污颗粒，判断导致放电的原因为内部环境不清洁。此次扩建安装时在壳体上产生振动，导致颗粒跳动，改变电场分布，从而造成水平布置盆式绝缘子沿面放电。5 乙母线 B 相第一次耐压试验电压升压至 325kV 时发生击穿放电，放电颗粒被电弧灼烧掉；再次进行耐压试验，试验通过。

3.2.3 监督依据

《国家电网公司变电验收通用管理规定》［国网（运检/3）827—2017］第 3 分册 组合电器验收细则 A.9 组合电器交接试验验收标准卡主回路绝缘试验。

《国家电网公司变电检测通用管理规定》［国网（运检/3）829—2017］附表 A.3.1 组合电器的检测项目、分类、周期和标准“1）对核心部件或主体进行解体性检修之后进行交流耐压试验，试验电压为出厂试验值的 80%，频率不超过 300Hz，耐压时间为 60s”。

3.2.4 经验总结

严格落实《输变电工程设备安装质量管理重点措施（试行）通知》（基建安质〔2014〕38 号）及《国家电网公司十八项电网重大反事故措施》的规定“GIS 设备安装应满足厂家要求的环境条件，一般情况下应在环境温度－10℃～40℃，无风沙、无雨雪、空气相对湿度小于 80%的条件下进行，洁净度在百万级以上”。

3.3 220kV 某变新增#3 主变局部放电超标缺陷分析报告

3.3.1 缺陷/故障概况

3.3.1.1 设备出厂情况

2019 年 3 月 18 日至 23 日，变电检测中心验收人员在特变电工某市变压器厂对某#3 主变进行出厂验收，厂家按标准要求使用三相对称电压加压，高中压三相同时检测局部放电，在 $1.58U_r/\sqrt{3}$ 电压下的局部放电量详见表 3-4，局部放电量合格，且 1h 内无增长，局部放电试验通过。

表 3-4 某#3 主变出厂局部放电量数据（pC）

相别	A	B	C
高压	10	12	15
中压	25	15	14

3.3.1.2 设备信息

220kV 某变电站#3 主变铭牌信息详见表 3-5。

表 3-5 某#3 主变铭牌信息

型号	SFSZ-240000/220
额定电压	220 kV
联结组别	YNyn0d11
电压组合（kV）	（230±8×1.25%）/121/11
额定容量（kVA）	240000/240000/120000
出厂日期	2019 年 3 月
出厂序号	8120024
制造厂家	特变电工某变压器有限公司

3.3.1.3 故障事件概述

2019 年 5 月 18 日，试验人员对 220kV 某站#3 主变进行长时感应耐压及局部放电项目检测试验，试验过程中发现主变 A 相高中压无局部放电现象，B、C 相高压存在明显的局部放电，图谱中显示中压的放电波形、位置、根数与高压一致，且高压与中压放电量比值符合方波校验的传输比值。经反复测量，发现 B、C 两相的局部放电量、放电重复率和放电相位区域宽度与时间成正比，局部放电后的油色谱数据正常。20 日复测，试验现象与 18 日一致。

根据现场局部放电谱图，初步判断为 B、C 相高压为悬浮放电，后经进入检查，发现 B 相高压引出线靠近锥度位置处绝缘纸破损而造成引线金属裸露，C 相高压引出线的锥度没有进入套管底部均压环，远偏离均压环中心位置，缩短了高压引出线与变压器外壳间距离，在高压下产生悬浮放电。

3.3.2 故障原因分析及处理

3.3.2.1 故障处理前试验情况

记录 B、C 相局部放电起始电压和熄灭电压详见表 3-6，高压局部放电量与时间关系详见表 3-7，5 月 18 日局部放电试验后油色谱数据详见表 3-8。由表 3-6 至表 3-8 可知，B 相局部放电的平均起始电压和平均熄灭电压比 C 相高出约 3kV，两相放电都有明显的增长趋势，且同等加压时间下 B 相在 $1.0U_m/\sqrt{3}$ 电压下的局部放电量大于 C 相在 $1.5U_m/\sqrt{3}$ 电压下的局部放电量。局部放电后的油色谱数据合格，无乙炔产生，含气量也正常。

表 3-6 B、C 相放电起始电压和熄灭电压统计表

相别	项目	电压数据（kV）						平均值
B	起始电压	7.6	7.2	7.8	7.7	7.9	7.8	7.7
	熄灭电压	10.4	9.2	10.5	9.2	9.2	9	9.6

（续表）

相别	项目	电压数据（kV）						平均值
C	起始电压	13	13.4	13.2				
	熄灭电压	9.8	11.4	10.6				

表 3-7　B、C 相高压局部放电量与时间关系统计表（pC）

相别	电压	背景噪声	0min	5min	10min
B	$1.0Um/\sqrt{3}$	31	252	483	684
C	$1.5Um/\sqrt{3}$	25	100	187	215

表 3-8　变压器局部放电后油色谱数据表（uL/L）

取油位置	H_2	CO	CO_2	CH_4	C_2H_4	C_2H_6	C_2H_2	总烃	含气量%
下部	4.1	6.8	32.3	0.4	0.1	0.1	0	0.6	0.4
中部	4.1	5.4	29.9	0.4	0.1	0.1	0	0.6	0.3
上部	4.2	5.4	32.9	0.3	0.1	0	0	0.4	0.3

主变 A、B、C 相局部放电图谱分别如图 3-15、图 3-16、图 3-17 所示，几幅图的左边皆为高压放电图谱，右边皆为中压放电图谱。由图 3-15、图 3-16、图 3-17 可知，A 相图谱中基本为背景噪声，无局部放电波形，B、C 相存在明显的局部放电，图谱中高压和中压的放电波形、放电根数及放电相位的位置都一样，且高压与中压放电量比值符合方波校验的传输比值，说明中压局部放电由高压传输过来。B、C 相高压随着时间的增加，放电重复率、放电量、放电相位区域宽度都有增加。根据图 3-16 和图 3-17 的放电图谱显示，放电相位分布很宽，呈对称分布，且图谱形状基本呈矩形分布，符合悬浮放电特征。

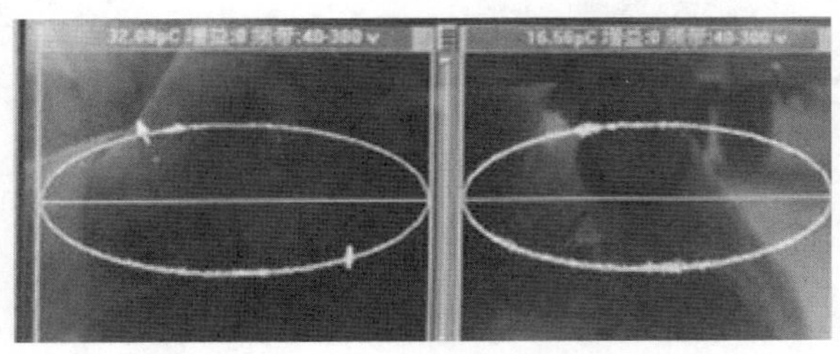

图 3-15　A 相局部放电图谱

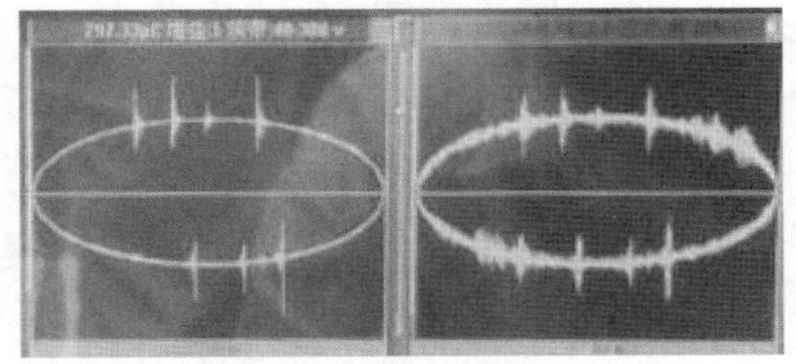

B 相加压 1min

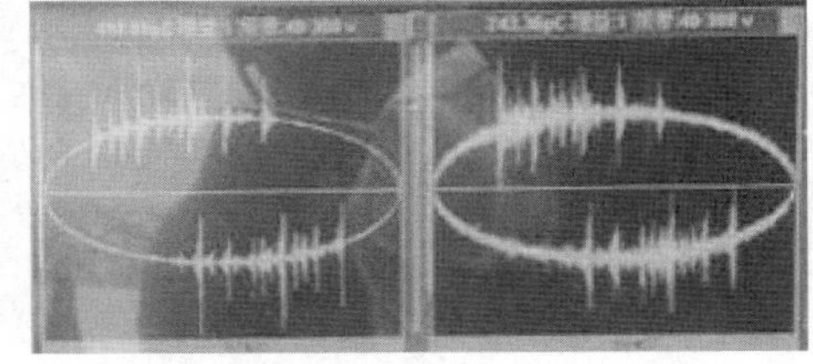

B 相加压 5min

图 3-16　B 相放电图谱

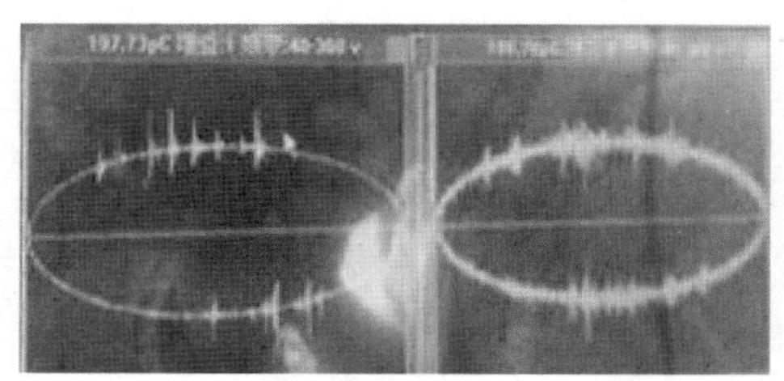

C 相加压 0min　　C 相加压 8min

图 3-17　C 相放电图谱

3.3.2.2　故障检查情况

5 月 21 日对该主变进行排油后进入检查，未发现故障点，再将 B、C 相高压套管吊出，发现 B 相高压引出线在靠近锥度位置处存在因绝缘纸破损而裸露金属导体的故障，如图 3-18（a）所示，图中椭圆区域为绝缘纸破损点，高压引线明显裸露，白色包扎带仅用于位置标示。同时发现 C 相高压引出线的锥度没有进入套管底部均压环，并顶住了均压环底部，远偏离均压环中心位置，缩短了高压引出线与变压器外壳间距离，如图 3-18（b）所示。

（a）B 相故障点

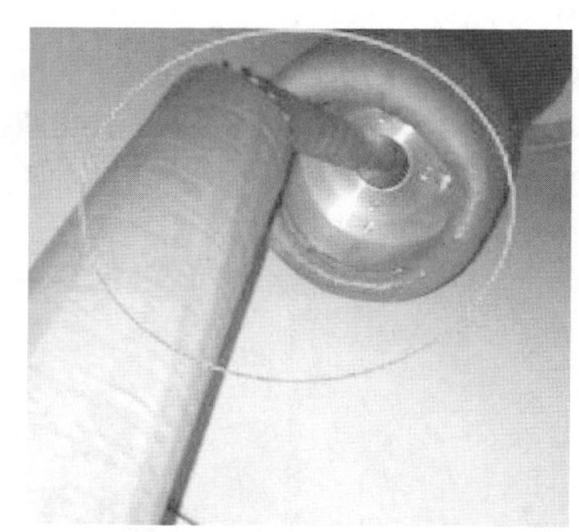

（b）C 相故障点

图 3-18　变压器故障点

3.3.2.3　缺陷/故障原因分析

该主变出厂验收时局部放电试验合格，但现场交接局部放电不合格。根据故障检查可知 B、C 故障点均在高压引出线处，对变压器本体、本体油、套管等附件分开运输，并在现场对变压器进行组装。分析认为 B 相绝缘纸破损是由于现场安装施工未按工艺标准执行。

C 相故障应为套管进入升高座时，高压引线与套管安装不同步，造成锥度未进入套管均压环内，并恰好紧紧顶住均压环底部，缩短了套管底部处引线与变压器外壳间的距离，从而降低了该处的绝缘水平。

对比B、C高压引出线处的故障，B相因金属导线裸露，绝缘水平相对于C相降低更多，故局部放电检测时，同电压等级下B相的局部放电量远大于C相，B相的放电起始电压也更低于C相。同时，因这两处故障都降低了故障点的绝缘水平，在高压下易产生悬浮放电，与前期图谱判断的局部放电描述一致。

3.3.2.4 后续处理情况

厂家对B相绝缘层破损处按照标准化工艺包扎皱纹纸和瓦伦纸，对C相高压引出线进行位置校正，确认高压引出线的锥度在套管底部均压环的中心位置，重新恢复了B、C相高压引出线的绝缘水平。B相处理后如图3-19所示。

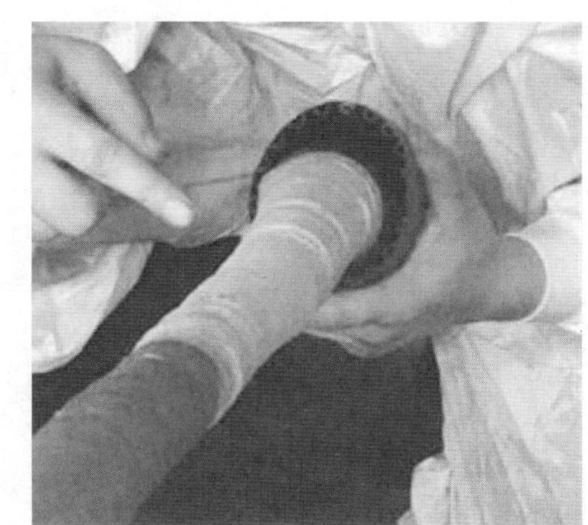

图3-19 B相故障点处理效果图

3.3.3 结论及建议

1）B相高压引出线锥度位置绝缘纸破损，C相高压引出线出头的锥度未进入套管底部均压环内，造成B、C相绝缘水平降低，导致现场局部放电试验中B、C相高压局部放电不合格。

2）现场安装过程应按工艺标准执行，强化对施工过程的监督，避免因赶进度而野蛮施工。

3）加强对主变的出厂验收及竣工验收，保证设备质量。

3.4 220kV GIS设备调试交流耐压试验击穿故障情况分析

3.4.1 案例简介

2019年5月10日，施工方对220kV某变新建工程220kV GIS设备进行现场耐压试验。首先通过D03间隔A相套管对Ⅰ、Ⅱ母线以及D01、D02、D03、D04.1、D04.2、D05间隔加压。所有PT刀闸都在分闸位置，其他刀闸和断路器都在合位。在试验电压升压至216kV时出现放电现象。接下来通过分段加压排查，初步确定放电位置在D01间隔断路器断口后侧与Q9刀闸气室之间。在继续对B、C两相进行试验时，B相在60kV时放电，C相在78kV时放电。通过排查，放电位置与A相相同。该气室的气体成分分析结果显示：D01间隔Q9气室SO_2超标，其他气室气体无异常。

该GIS设备故障单元型号及参数详见表3-9所示。

表 3-9　故障单元相关参数

型号	ELK－14/DEO	出厂编号	500658397－D01－Q1/Q51
额定电压	252 kV	生产日期	2019
额定雷电冲击耐受电压	1050 kV	引用标准	IEC 62271－102/ GB 1985
额定工频耐受电压	460kV	合闸时间/分闸时间	≤2.5s/2.5s
额定频率	50 Hz	最小工作压力	600kPa
额定电流	3150A	额定充气压力	650kPa
额定短时耐受电流	50kA	补气报警压力	620kPa
额定峰值耐受电流	135kA	闭锁报警压力	600kPa
厂家	某市 ABB 高压开关有限公司		

故障发生后，要求某市 ABB 高压开关有限公司对故障单元开盖检查。5 月 11 日，通过疑似放电的 D01 间隔 Q9 防爆膜孔，观察到底部绝缘子上有散落金属屑及触头零件，绝缘子有沿面放电现象（图 3-20）。进一步打开 Q9 模块端盖检查，发现一根电流转移触头及相应配件掉落在底部隔离绝缘子上（图 3-21）。检查结果说明是底部隔离绝缘子上的配件导致交流耐压试验时出现对地放电现象。

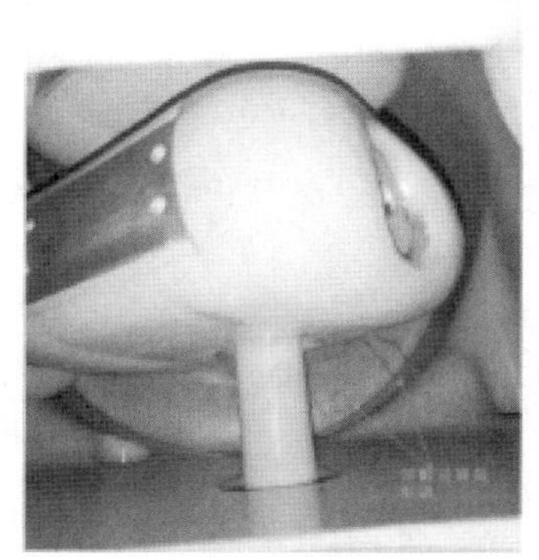

图 3-20　绝缘子有沿面放电现象

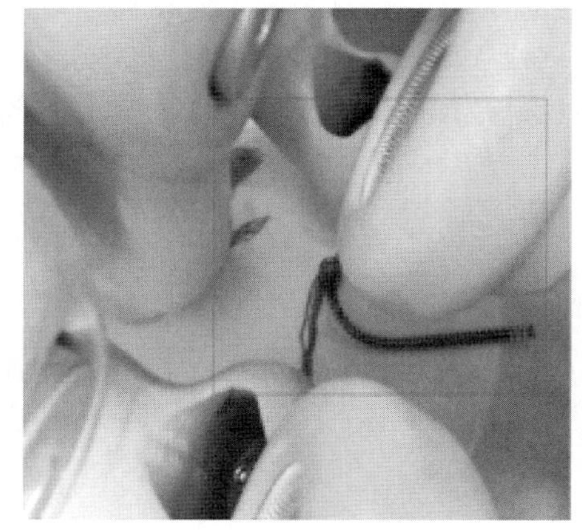

图 3-21　底部隔离绝缘子

在施工方人员强烈要求下，厂家技术人员同意对该故障单元进行解体处理及进一步检查。由于天气原因，直到 5 月 17 日，厂家技术人员才对 D01 间隔的放电气室进行解体处理。5 月 18 日，解体 Q9 刀闸模块时发现电流转移触头已折弯，其配套的弹簧、表带触指等均已脱落掉在绝缘上，脱落的零件来自 B 相刀闸动刀导体（图 3-22）。在更换处理过程中进一步发现 Q9 刀闸 B 相静刀导体触头座内侧弹簧槽出现损伤（图 3-23），厂家同意更换 B 相静触头导体。由于厂家未能预先考虑到该问题，因此未准备备件，相应物料需要工厂重新配送，直到次日才送达现场。

5 月 21 日上午，省级电力公司设备部在了解现场情况及厂家处理方案后，要求对故障模块 D01 间隔 Q9 刀闸 A、C 两相电流转移触头装配情况进行检查，并要求厂家将相关零配件送达某电力科学研究院，进行相关材料分析。

图 3-22　B 相刀闸动刀导体

图 3-23　B 相静刀导体触头座内侧弹簧槽有损伤

3.4.2　故障原因分析及处理

现场解体检查结果显示，电流转移触头开口挡圈脱落造成触头向上弹出而未被发觉，在随后的隔离开关分合操作过程中，电流转移触头杆被动触头挤入静触头座内，被挤压变形，随后手动操作多次后，该电流转移触头掉落在下方绝缘子上，但隔离开关分合操作卡滞的症状消失。这个过程也可以由操作电机烧毁以及手动操作时严重卡滞而得到证实。

因此，转移触头的掉落是导致耐压试验失败的直接原因，而导致其掉落的原因是对侧的固定开口挡圈脱落。

造成此次挡圈脱落的最大的原因可能是挡圈尺寸较小，人工装配不当导致开口挡圈未能完全卡住触头的轴，长时间的挡圈变形使得材料疲劳，挡圈开口变大，然后在运输过程或者现场操作中发生开口挡圈脱落的情况，最终导致耐压试验失败。在工厂的 200 次机械磨合试验中未发生掉落，应该是因为在隔离开关的分合操作过程中，触头运动速度很慢，仅为 40mm/s，而且当时挡圈材料尚未疲劳变形，因此未发生脱落现象。

对故障单元 A、B、C 三相的开口挡圈及厂家新寄样开口挡圈进行了检测分析。

依据 DIN 6799—2011 标准对开口挡圈尺寸进行检测：1）B 相失效开口挡圈开口宽度为 3.15mm，较 A 相和 C 相的 2.72mm 大 13.7%，比新寄样开口宽度 2.70mm 大 14.3%，明显偏高于标准要求；2）A、B、C 三相的开口挡圈厚度值均小于标准规定值，新寄样品抽检厚度值为标准规定的下限值；3）对 A 相和随机抽取的 2 个新寄样品进行重量检测，重量分别为 0.0732g、0.0767g、0.0735g，平均重量为 0.075g，不符合标准要求的 0.088g。

对 B 相失效开口挡圈、A 相和 C 相开口挡圈以及新寄样开口挡圈进行了硬度检测，B 相失效开口挡圈的硬度值不符合 DIN6799—2011 标准的要求，且高于其他样品的硬度值。

材质检测结果表明：开口挡圈厚度值小于标准规定值且各样品重量均不合格，致使夹紧力偏小。特别是B相失效样品开口宽度及硬度不合格且金相异常，质量明显不合格，夹紧失效脱落从而导致电流转移触头发生掉落。

3.4.3 结论及建议

通过某电力科学研究院的金属分析可以判断，造成电流转移触头掉落故障的主要原因是开口挡圈质量不合格。

要求厂家更换故障单元所有的开口挡圈，并对全部隔离开关进行50次分合操作，操作未见异常。操作完毕后委托第三方对该ABB高压开关有限公司的所有GIS设备进行了X射线检测，检测未见异常。对故障单元重新进行了交流耐压试验，耐压试验通过。

本次故障暴露的问题主要有：

1）厂家对零部件工艺控制不严，标准流于形式，未对部件尺寸及质量进行有效管控，开口挡圈质量参差不齐，导致电流转移触头在操作过程中掉落。

2）厂家现场技术人员考虑问题不全面，未能预先考虑到静触头损坏情况，未能及时采取针对性措施，导致处理时间增加。

针对本次故障提出以下建议：

1）GIS设备出厂验收时应加强开口挡圈等活动部件的质量抽检工作；GIS设备出厂验收时，建议验收人员见证所有间隔的耐压试验。

2）厂家应提高零部件管控质量，严格按照标准对零部件进行检测，检测合格的零部件才能用于设备的组装。

3）厂家应制订试验事故紧急处理预案，对于试验过程中出现的各种状况、原因及可能存在的问题需要全面考虑，以便出现问题时尽快执行应对措施，节省处理时间。

3.5 110kV变压器设备制造工艺不良导致绝缘油介损及低压短路阻抗不合格

3.5.1 案例简介

2019年1月至3月，国网某供电公司在进行110kV某变电站交接验收过程中，发现2号主变（表3-10）绝缘油介损、低电压短路阻抗试验不合格。根据GB 50150—2016《电气装置安装工程电气设备交接试验标准》及Q/GDW1168—2013《输变电设备状态检修试验规程》，判定试验不合格，不建议投运。

表3-10 ＃2主变基本信息

安装地点	110kV某变电站	运行编号	＃2主变
产品型号	SSZ11－63000/110	出厂编号	AX00401
出厂日期	2017年8月		

3.5.2 案例分析

2018 年 10 月 11 日，在主变注油前施工单位（某公司）对新绝缘油进行检测，各项试验均合格。

2019 年 1 月 9 日，在主变安装结束并静置 24h 后，施工单位进行主变油样测试，油介损 1.16%，超出 0.7%的试验标准。

经与厂家沟通，先后三次对该主变进行滤油处理，油介损结果详见表 3－11。

表 3－11 ＃2 主变绝缘油试验记录

设备名称	取样时间	取样原因	试验结果	结论
2＃主变	2019 年 1 月 9 日	注油静置后	介损：1.16%	不合格
2＃主变	2019 年 1 月 10 日	注油静置后	介损：2.99%	不合格
2＃主变	2019 年 2 月 18 日	注油静置后	介损：3.105%	不合格
2＃主变	2019 年 3 月 6 日	滤油后	介损：2.072%	不合格
2＃主变	2019 年 3 月 11 日	滤油后	介损：1.697%	不合格
2＃主变	2019 年 3 月 25 日	滤油后	介损：1.935%	不合格

2019 年 3 月 14 日，某公司对庆元变 1、2 号主变进行绕组变形及低电压短路阻抗试验，发现 2 号主变高压一中压绕组三相偏差过大，1 档、9 档、17 档偏差分别为 3.5%、3.92%、3.93%，超过 2.5%的标准值。

2019 年 3 月 19 日邀请某电力科学研究院进行复测，1 档、9 档、17 档偏差分别为 3.52%、3.63%、3.28%，试验结果不合格。

2019 年 5 月 5 日，某变 2 号主变就近运送至银川卧龙变压器厂进行解体检查。解体检查后发现主变内部存在大量金属碎屑，且主变装配工艺极差，绝缘油纸脱落、破损，纸板绑扎不牢、缝隙过大，垫块排列不齐等问题随处可见，如图 3－24 所示。

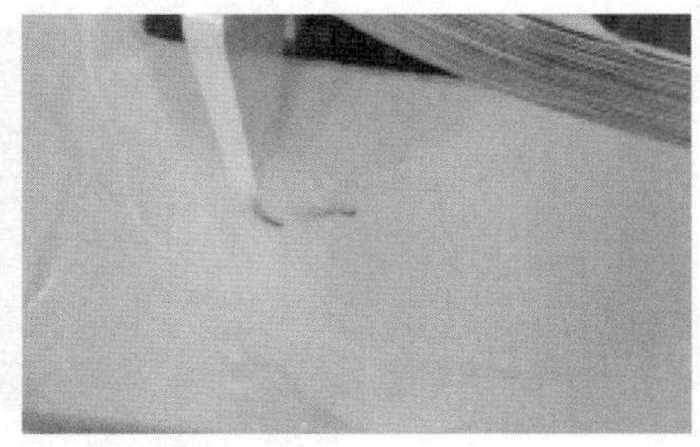

图 3－24 ＃2 主变解体情况图

经与主变生产厂家及该变压器厂技术人员沟通分析主变缺陷原因如下：

（1）判断主变内部金属碎屑来源于主变散热器。按照标准生产流程，散热器等主变附件均先运送至主变生产厂家，经冲洗、烘干后出厂。某变 2 号主变由于先后更换两次散热片，散热片由附件厂家直接运送至施工现场，未进行冲洗烘干，从而造成大量金属碎屑遗留在散热器内部，随变压器油进入主变本体，造成主变绝缘油介损试验结果不合格。

(2) 主变低电压短路阻抗试验不合格的原因，怀疑为主变绕组绕制工艺不佳，待变压器厂对工艺进行重新调整后进行复测。

某变2号主变已委托某市某变压器厂进行大修，计划对主变及附件进行整体冲洗并烘干，对主变工艺调整处理后重新进行出厂试验，预计5月20日出厂。

3.5.3 监督依据

GB 50150—2016《电气装置安装工程电气设备交接试验标准》中绝缘油介质损耗因数 tanδ（%）≤0.7。Q/GDW1168—2013《输变电设备状态检修试验规程》中“变压器短路阻抗测量 c）容量 100MVA 及以下且电压等级 220kV 以下的变压器三相之间的最大相对互差不应大于 2.5%”。

3.5.4 监督建议

绝缘油试验是发现电网设备绝缘缺陷的有效手段，在实际工作中，只要认真仔细，做到不缺不漏，按照标准操作取好被试油样，同时规范测试，就可以有效为电网设备消除隐患。

3.6 220kV 某变电站 GIS 盆式绝缘子生产工艺不良导致多次闪络异常

3.6.1 案例简介

2019年4月13日至14日，220kV 某变电站 220kV GIS 在进行交接试验过程中发生多次闪络异常，在完成全部 GIS 气室耐压试验后，现场人员定位了五处闪络气室。4月15日，某公司对五个气室进行了解体检查，并发现了五个有明显闪络痕迹的盆式绝缘子（图 3-25、表 3-12）。根据标准 NB/T 42105—2016《高压交流气体绝缘金属封闭开关设备用盆式绝缘子》，4个盆式绝缘子的表面杂质数量均不符合该标准的要求。根据标准 Q/GDW 11717—2017《电网设备金属技术监督导则》，这5个绝缘子均不符合该标准的要求。

图 3-25 现场盆式绝缘子闪络烧蚀痕迹

表 3-12　GIS 盆式绝缘子基本信息

安装地点	220kV 某变电站 GIS
产品型号	ZFW42－252
出厂日期	2019 年 3 月

3.6.2　案例分析

3.6.2.1　外观检查

对现场编号 1—5 的盆式绝缘子开展了外观检查，如图 3-26 所示。1 号和 2 号绝缘子发生闪络击穿现象，3 号和 4 号绝缘子为厂家提供的新到货绝缘子，5 号绝缘子发生闪络放电现象但并未发生击穿现象。用棉花和蒸馏水逐一对以上绝缘子表面进行清理后检查其外观。

图 3-26　现场检查的 1—5 号盆式绝缘子

图 3-27 为 1 号绝缘子凸面承受高电压区域局部杂质分布图，发现在 4cm×4cm 面积内存在 4 个以上杂质。

图 3-28 为 1 号绝缘子凸面承受高电压区域部分划痕图，经过测量，此绝缘子单面等电位方向划痕累计长度超过 40mm。

图 3-29 为 2 号绝缘子凸面承受高电压区域局部杂质分布图，通过观察，此绝缘子在 4cm×4cm 面积内存在 4 个以上的杂质且单面杂质数量超过 6 个。

3 号和 4 号绝缘子为厂家新发货的产品，对其外观进行检查，发现 3 号绝缘子在凸面承受高电压部位存在直径接近 1mm 的杂质，如图 3-30 所示，同时，在屏蔽罩内存在明显表面裂纹，如图 3-31 所示。

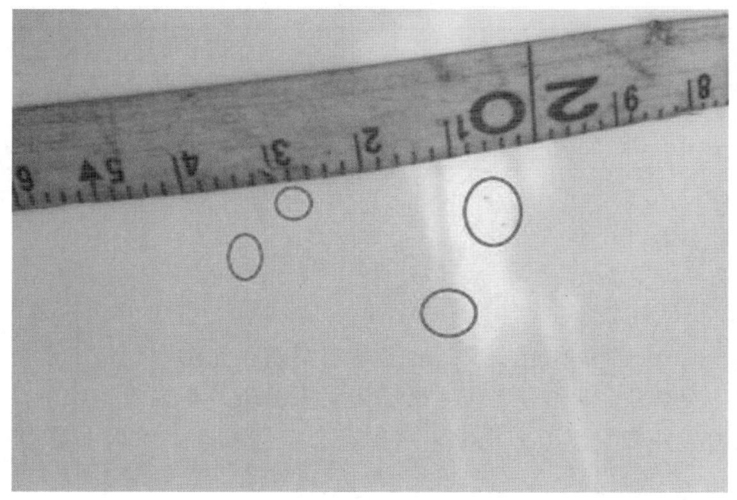

图 3 - 27　1 号绝缘子承受高电压部位局部杂质分布图

图 3 - 28　1 号绝缘子凸面部分划痕图

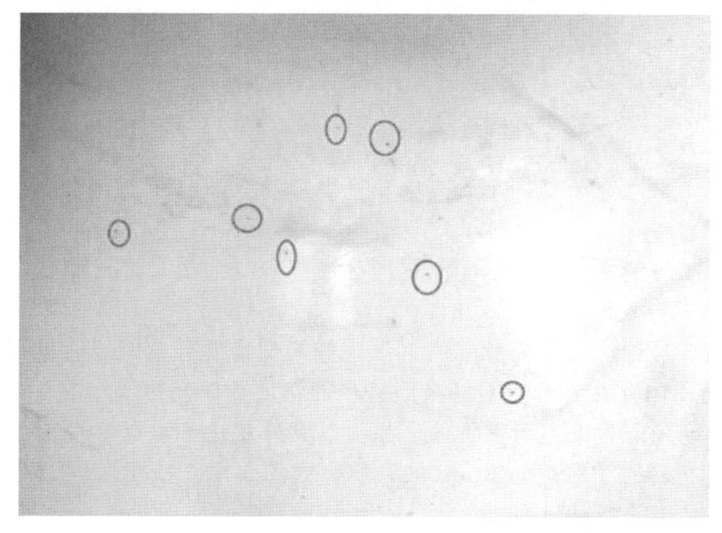

图 3 - 29　2 号绝缘子承受高电压区域局部杂质分布图

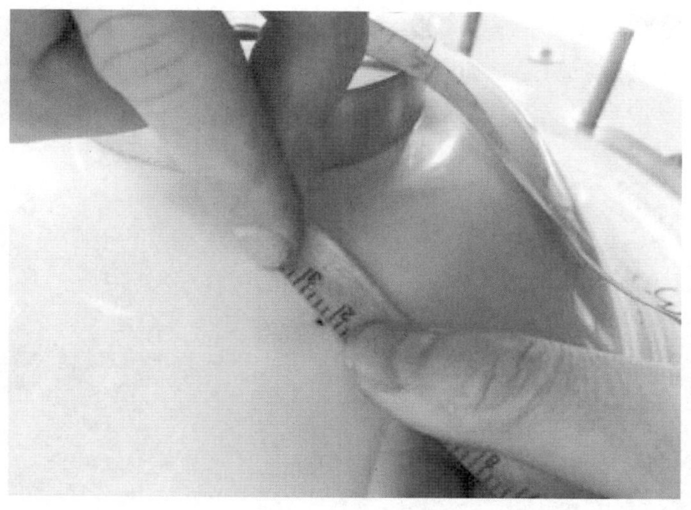

图 3-30　3 号绝缘子凸面存在直径接近 1mm 的杂质

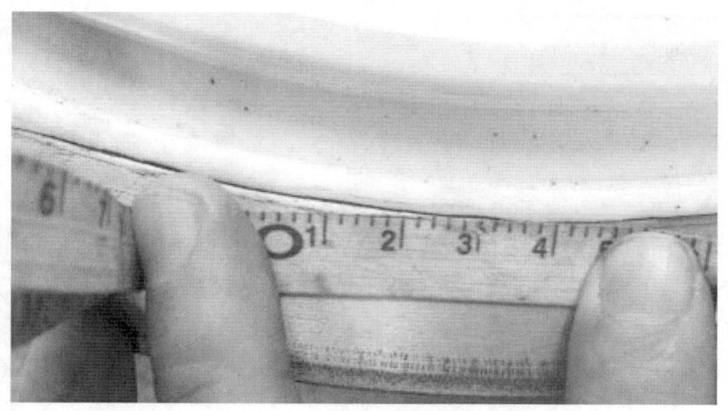

图 3-31　3 号绝缘子屏蔽区内存在裂纹

4 号绝缘子在凸面 4cm×4cm 区域内存在 4 个以上杂质，如图 3-32 所示。

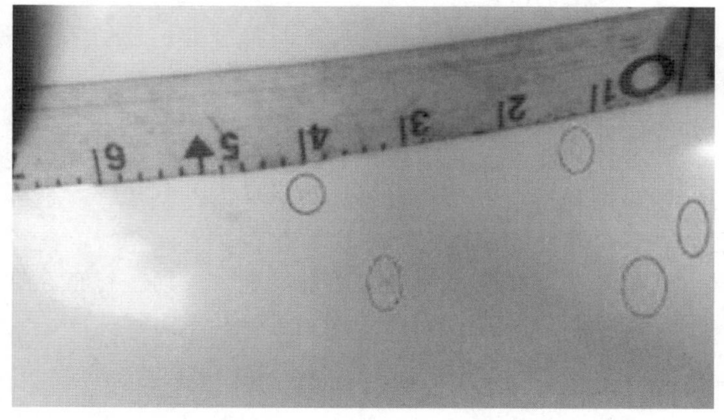

图 3-32　4 号绝缘子凸面 4cm×4cm 区域内杂质分布图

5 号绝缘子发生闪络放电但并未被击穿，对其闪络痕迹区域检测，发现凸面的闪络区域内存在至少 4 处杂质缺陷，如图 3－33 所示。同时，凹面的另一处闪络放电痕迹呈现出母线电极对杂质沿面放电现象，如图 3－34 所示。

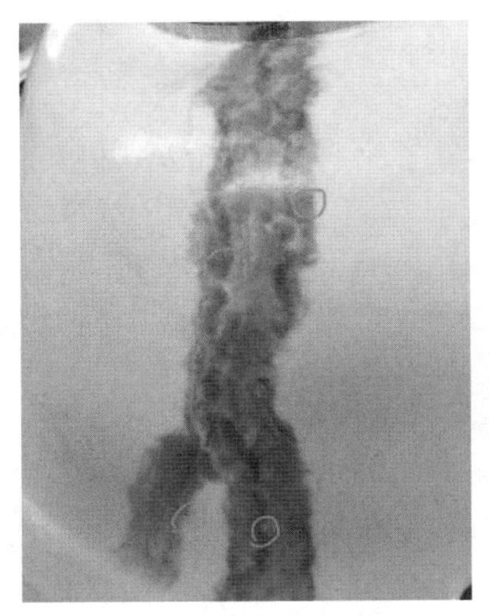

图 3－33　5 号绝缘子闪络区域内杂质分布图

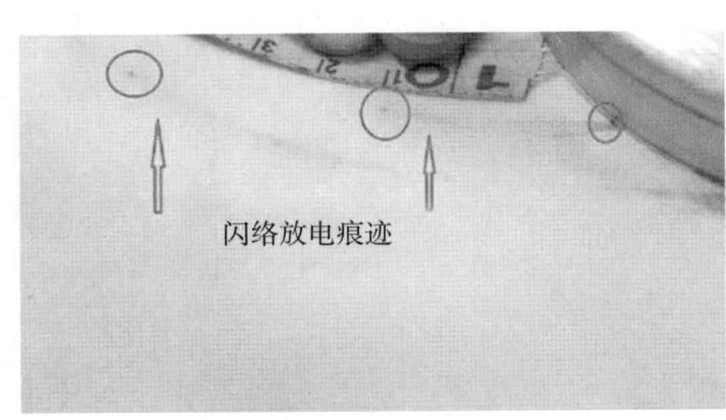

图 3－34　5 号绝缘子母线对杂质沿面放电痕迹图

3.6.2.2　X 射线探伤

对 5 个绝缘子开展 X 射线探伤发现：1 号和 2 号绝缘子闪络放电和击穿处存在明显的树枝状内部裂纹，同时绝缘子承受高电压区域和电极高场强区域存在多处明显皱褶缺陷。3 号绝缘子和 4 号绝缘子表面存在明显皱褶缺陷，且表面有多处杂质。同时，4 号绝缘子有一处皱褶缺陷从低电位一直延伸至高电位。5 号绝缘子在闪络区域并未观察到内部裂纹缺陷，可见此闪络现象开始为沿面闪络，在闪络区域观察到多处杂质，与肉眼观察结果相互对应。

3.6.2.3　形貌及能谱分析

对 2 号绝缘子发生闪络的区域、3 号绝缘子凸面存在直径接近 1mm 杂质的区域及其他承受高电压部位的杂质切割取样，喷金后进行形貌分析及能谱分析，判断杂质为绝缘子制造过程中混入的金属杂质和超标非导电性杂质。初步判断，此闪络击穿事故为金属导电性杂质引起的沿面闪络耐压击穿事件。

综上所述，本次抽检的 5 个盆式绝缘子显然均不符合相关标准的规定，且试验结果表明发生闪络的绝缘子和新到货的绝缘子均含有导电性杂质，该类杂质通常是因在绝缘子浇铸过程中，工厂环境控制不严，厂房内存在金属灰尘或浇铸模具不洁净而导致。因此，上述盆式绝缘子存在明显的工艺质量问题，长期运行存在绝缘子沿面闪络的隐患，将严重影响 220kV 某变电站 GIS 设备的安全稳定运行。

3.6.3　监督依据

《高压交流气体绝缘金属封闭开关设备用盆式绝缘子》（NB/T 42105—2016）附录

A 混入杂质的检查标准。《电网设备金属技术监督导则》（Q/GDW 11717—2017)。DLT 617—201X《气体绝缘金属封闭开关设备技术条件（征求意见稿）》附录 G《气体绝缘金属封闭开关设备用盆式绝缘子技术条件》中“G. 8. 3 盆式绝缘子不应出现异物、气孔、收缩痕及裂纹等缺陷，外观颜色均匀”。

3.6.4 监督意见

1）盆式绝缘子是 GIS 设备中最薄弱的绝缘环节，盆式绝缘子质量的好坏直接影响了 GIS 设备的可靠性。诱发盆式绝缘子沿面闪络的因素主要包括盆式绝缘子表面含金属异物、杂质、气孔、收缩痕和裂纹。导致沿面放电的原因均可认为是改变了原有 GIS 内盆式绝缘子表面的电场分布，形成了局部的电场畸变，进而引发了放电击穿。但上述因素的来源并不相同，其中，金属异物多为生产或安装过程中因遗漏和未清理干净而导致；裂纹因安装和运输过程中施加应力过大而导致；杂质、气孔、收缩痕则由盆式绝缘子生产工艺中存在的固有缺陷导致。盆式绝缘子中的杂质危害极大，无论是金属杂质还是非金属杂质均是标准中不允许存在的。本次事故分析中，发现了金属杂质和超标非导电性杂质的存在，为绝缘子沿面闪络击穿事故发生的主要诱因。

2）在运维检修过程中，对已投运带电的 220kV GIS 设备需加强特高频和超声波局部放电带电检测。